# 塔里木油田公司
# 危险化学品基层知识手册

塔里木油田公司 QHSE 管理委员会办公室　编

石油工业出版社

内容提要

本书系统地介绍了危险化学品相关的安全基础知识，包括危险化学品相关法律法规、危险化学品安全基础知识、危险化学品安全管理、危险化学品生产单位安全生产技术、危险化学品事故应急管理、职业健康管理与职业病危害防护等内容。

本书可作为塔里木油田公司危险化学品管理人员和员工学习危险化学品知识的基础工具书，也可供其他相关单位和行业的管理者与基层员工学习参考。

**图书在版编目（CIP）数据**

塔里木油田公司危险化学品基层知识手册 / 塔里木油田公司 QHSE 管理委员会办公室编 .
—北京：石油工业出版社，2020.6

ISBN 978-7-5183-4006-4

Ⅰ . ①塔… Ⅱ . ①塔… Ⅲ . ①塔里木盆地 – 含油气盆地 – 石油企业 – 化工产品 – 危险物品管理 – 手册 Ⅳ . ① TQ086.5-62

中国版本图书馆 CIP 数据核字（2020）第 078114 号

---

出版发行：石油工业出版社
（北京安定门外安华里 2 区 1 号　100011）
网　址：www.petropub.com
编辑部：（010）64523548　图书营销中心：（010）64523620
经　销：全国新华书店
印　刷：北京晨旭印刷厂

---

2020 年 6 月第 1 版　2020 年 6 月第 1 次印刷
787 × 1092 毫米　开本：1/16　印张：12.25
字数：243 千字

---

定价：78.00 元
（如出现印装质量问题，我社图书营销中心负责调换）

# 《塔里木油田公司危险化学品基层知识手册》

## 编委会

主　任：朱水桥

副主任：朱力挥　张明亮　何新兴　李汝勇

编　者：王增志　孙　军　李旭光　马　曦　袁　川
殷小勇　左振涛　魏福太　蒲　锐　王　琴
陈　晨　翟志刚　李　斌　祝　伟　王晓峰
高　阳　何中凯　林国强　于兴龙　曹　强
杜　涛　刘绍东　李　青　何　斌　张景山
邓小飞　杨永彬　李宏喜　侯春生　徐庆磊
范秀全　崔　巍　刘新强

# 前言

FOREWORD

安全生产教育培训工作是安全生产管理的重要内容和风险防控的重要手段，也是企业落实安全生产主体责任的法定义务。新修订的《中华人民共和国安全生产法》第十八条生产经营单位负责人的安全生产职责中专门增加了一款“组织制订并实施本单位安全生产教育和培训计划”的规定，增加的第二十二条安全生产管理机构及安全生产管理人员的职责中也规定了安全生产教育培训的相关职责，突显出安全生产教育培训工作的重要性。

中国石油塔里木油田公司（以下简称“塔里木油田公司”）的主要业务是石油天然气勘探开发、储运和炼油化工，生产经营全过程中伴随着危险化学品安全管理。塔里木油田公司主要产品属于国家重点监管的危险化学品，炼油化工的主要工艺属于国家重点监管的化工工艺，同时具有大量的危险化学品重大危险源和油气输送管道。因此，塔里木油田公司始终高度重视危险化学品安全管理，也始终认识到安全生产教育培训工作的重要性。为适应当前安全生产的新形势、新要求，进一步提升危险化学品安全管理水平，加强塔里木油田公司各级负责人及安全管理人员危险化学品知识储备，提高安全管理能力，保证塔里木油田公司在危险化学品生产、储存、经营、运输、使用和废弃处置全过程的安全管理，依据《中华人民共和国安全生产法》《危险化学品安全管理条例》《危险化学品建设项目安全监督管理办法》《危险化学品重大危险源监督管理暂行规定》《国家安全监管总局办公厅关于印发化工（危险化学品）企业主要负责人安全生产管理知识重点考核内容等的通知》（安监总厅宣教〔2017〕15号）及《关于印发〈中国石油天然气集团公司危险化学品安全综合治理实施方案〉的通知》（安委〔2017〕2号）等法律法规、规章制度和文件要求，结合油田生产安全管理现状，塔里木油田公司质量安全环保处组织编写了本书。

本书系统地介绍了危险化学品相关的安全基础知识，包括危险化学品相关法律法规、危险化学品安全基础知识、危险化学品安全管理、危险化学品生产单位安全生产技术、危险化学品事故应急管理、职业健康管理与职业病危害防护等内容。

本书可作为塔里木油田公司危险化学品管理人员和员工学习危险化学品知识的基础工具书，也可供其他相关单位和行业的管理者与基层员工学习参考。

为便于实际应用，按照相关法规要求，本书中特别对塔里木油田公司及各单位主要负责人应掌握的内容以“※”进行了标记。如无特殊说明，本书中所统计的塔里木油田公司相关数据均截至2019年底。由于编者水平有限，书中难免有不妥之处，敬请广大读者批评指正。

2020年3月

# 目录

CONTENTS

# 第一章　危险化学品相关法律法规

★ 理解国家和油田安全生产方针。

★ 掌握危险化学品安全生产相关法律法规及安全生产标准。

★ 掌握油田安全生产理念、安全禁令。

## 第一节　安全生产方针和安全生产理念 ※

### 一、国家安全生产方针和安全生产理念 ※

#### （一）安全生产方针 ※

“安全第一、预防为主、综合治理”的安全生产工作“十二字方针”，明确了安全生产的重要地位、主体任务和实现安全生产的根本途径。

“安全第一”是指生产经营活动中，在处理保证安全与实现生产经营活动的其他各项目标的关系上，要始终把安全特别是从业人员和其他人员的人身安全放在首要位置，实行“安全优先”原则。坚持以人为本，在确保安全的前提下，实现生产经营的其他目标。

“预防为主”是指把预防生产安全事故的发生放在安全生产工作的首位，努力做到事前防范，而不是事后补救。按照系统化、科学化的管理思想，按照事故发生的规律和特点，千方百计预防事故发生，做到防患于未然，将事故消灭在萌芽状态。

“综合治理”就是标本兼治，重在治本。在采取有力措施遏制重特大事故、实现治标的同时，积极探索和实施治本之策，综合运用科技手段、法律手段、经济手段和必要的行政手段，从发展规划、行业管理、安全投入、科技进步、教育培训、安全立法、激励约束、企业管理及追究事故责任等方面着手，做到思想认识上警钟长鸣，制度保证上严密有效，技术支撑上坚强有力，监督检查上严格细致，事故处理上严肃认真。

#### （二）安全生产理念 ※

《中华人民共和国安全生产法》将“以人为本，坚持安全发展”确立为安全生产理念。

“以人为本”，首先必须是以人的生命为本。安全发展强调“以人为本”，首先是以人的生命和健康为本，保护人的生命安全与健康，发展决不能以牺牲人的生命为代价，这是一条不可逾越的红线。

“坚持安全发展”，就是最大限度地提高发展效益，降低发展风险。实现安全发展的根本和落脚点是认真切实地贯彻落实好安全生产法规、制度和措施。

## 二、塔里木油田公司安全生产方针和安全生产理念 ※

### （一）塔里木油田公司安全生产方针 ※

塔里木油田公司将“关爱健康，以人为本；安全第一，预防为主；保护环境，绿色发展；质量至上，卓越诚信；计量准确，科学公正”作为质量、健康、安全、环境（QHSE）管理方针。

（1）关爱健康、以人为本：以包括承包商在内的所有为公司付出劳动、创造价值的员工的健康和幸福为最高目标，无论何时首先考虑人的健康和安全，尊重和保护人的生命权利，创造生命平等、人人共享安全文化成果的氛围和环境。

（2）安全第一、预防为主：以有感领导为引领，激发调动全员参与积极性，运用先进、科学的风险管理工具和方法，丰富提高预防事故的能力，动用一切可动用的资源，采取积极主动的源头控制措施，强化过程管理，预防事故发生，确保“零”安全目标的实现。

（3）保护环境、绿色发展：坚持节约资源、保护环境的基本政策，积极保护生态环境，奉献清洁能源，推进清洁生产，走节约发展、循环发展、低碳发展之路，创造自然与人的和谐，促进社会的永续发展。

（4）质量至上、卓越诚信：依靠先进的标准和科学的管理体系，培育质量及诚信意识，树立追求卓越的理念，严格执行程序，强化过程控制，规范岗位操作，为用户提供优质产品和满意服务。

（5）计量准确、科学公正：积极推行先进适宜的计量技术，强化计量检定和检测过程管理，确保计量工艺规范，操作诚实守信，结果准确可靠、公平公正。

### （二）塔里木油田公司安全生产理念 ※

塔里木油田公司安全理念是“安全以人为本、安全源自基础、安全始于真相、安全没有借口、安全不分内外、安全永无止境”。

（1）安全以人为本。安全的本质是为了人，又要依靠人，必须从转变人的观念、提高人的能力、培养人的习惯抓起。

（2）安全源自基础。安全必须融入企业的基础管理，强基层、打基础、提素质、促全员是构建安全生产长效机制的前提和保障。

（3）安全始于真相。安全就是尊重客观规律，安全管理的改进来自对风险、缺陷和事故真相的不断认知及所采取的预防、纠正和持续改进措施。

（4）安全没有借口。核心是敬业、责任、执行、诚实，这一理念是提升企业凝聚力，培育安全文化的最重要的准则，每个人必须履行各自安全责任，不能寻找借口。

（5）安全不分内外。安全不分属地内外、不分工作内外、不分甲方乙方，遵从同样的原则和标准。

（6）安全永无止境。安全风险始终存在，而且是动态变化的，因此，安全工作只有起点，没有终点，永远是现在进行时；安全的标准没有最好，只有更好，必须持之以恒。

### （三）塔里木油田公司安全禁令

塔里木油田公司严禁以下可能导致安全事故事件的行为：

（1）未经评估上岗操作。

（2）未经许可进入受限空间。

（3）未经检测进行动火作业。

（4）未经防护进行高处作业。

（5）未经能量隔离进行施工作业。

（6）未经现场确认签批作业票。

（7）未经审批实施变更。

（8）在运行中的起重设备下穿行或停留。

（9）现场作业使用手机。

（10）发现溢流未立即关井，怀疑溢流未关井检查。

违反以上条款的，操作员工罚款3000元，管理干部罚款5000元。本禁令适用于塔里木油田甲乙方全体干部员工。

塔里木油田公司安全禁令释义包括以下内容。

#### 1. 未经评估上岗操作

（1）未依据岗位能力需求对操作人员进行能力评估或安排能力评估不合格者独立上岗操作。

（2）特种作业人员及特种设备操作人员未取得有效资质上岗操作。

#### 2. 未经许可进入受限空间

（1）未执行作业许可或有效操作规程进入受限空间。

（2）未按规定频次、位置进行气体检测进入受限空间。

（3）未按要求佩戴防护装备进入受限空间。

（4）未制订应急救援措施进入受限空间。

（5）未经监督、监护人同意进入受限空间。

3. 未经检测进行动火作业

（1）防火防爆区域动火作业前未进行可燃气体、粉尘检测。

（2）动火作业中未按规定频次、位置进行可燃气体检测。

4. 未经防护进行高处作业

（1）未按要求使用安全带、安全网、安全绳等有效的防坠落装置进行高处作业。

（2）使用未经检查确认合格的脚手架、梯子和其他登高设施。

5. 未经能量隔离进行施工作业

（1）未对相关的电、机械、化学、热或其他形式的能量进行隔离。

（2）未对相关有毒有害物质进行隔离。

（3）未对能量隔离点上锁挂签。

（4）未测试验证能量隔离的有效性。

6. 未经现场确认签批作业票

作业前、作业后未现场确认危害及风险控制措施。

7. 未经审批实施变更

（1）未经审批实施工艺、设备、规程、方案变更。

（2）未经风险评估审批工艺、设备、规程、方案变更。

8. 在运行中的起重设备下穿行或停留

（1）在吊物下穿行或停留。

（2）吊物移动过程中在吊臂下穿行或停留。

（3）非作业人员进入吊装作业现场设定的警戒区域。

9. 现场作业使用手机

（1）携带非防爆手机进入防火防爆区域。

（2）驾车使用手机。

（3）操作过程中使用手机。

10. 发现溢流未立即关井，怀疑溢流未关井检查

（1）钻井液工、录井联机员发现或怀疑溢流未立即报告当班司钻。

（2）司钻接到溢流报告或疑似溢流报告未立即关井。

（3）人为责任导致关井后溢流量大于 $2m^3$。

### （四）塔里木油田公司 QHSE 体系简介

塔里木油田公司的 QHSE 文化驱动模型架构由“行为”“系统”和“工艺”三个子系统、7 个一级要素、24 个二级要素构成。其中“有感领导”与“全员参与”要素组成体系的核心，突出了两者在整个 QHSE 体系建设和运行中相互影响、相互促进的核心推动作

用。三个子系统相对独立又相互联系、相互影响。行为子系统是为实施 QHSE 行为管理原则与方法而设置的，旨在通过有感领导引领促成全员有感，从而培养和固化全员良好的行为习惯，它是体系运行的人文前提。工艺子系统是基于设备设施生命周期不同阶段的风险特点而设置的，确保其整个生命周期内的本质安全度，它是体系运行的硬件基础。系统子系统是根据国企体制和组织特点，为保障行为、工艺子系统资源落实，构建以风险管控为核心的全方位 QHSE 管理体系而设置的，其所有要素和行为、工艺子系统均有交集且提供有力支撑，从而保证整个体系有效运转。

## 第二节　危险化学品生产单位安全生产相关法律法规 ※

### 一、安全生产法律法规 ※

#### （一）《中华人民共和国安全生产法》※

2014 年 8 月 31 日第十二届全国人民代表大会常务委员会第十次会议通过《全国人民代表大会常务委员会关于修改〈中华人民共和国安全生产法〉的决定》，自 2014 年 12 月 1 日起施行。《中华人民共和国安全生产法》是我国第一部规范安全生产的综合性法律。制定《中华人民共和国安全生产法》的目的是加强安全生产工作，防止和减少生产安全事故，保障人民群众生命和财产安全，促进经济社会持续健康发展。该法相关规定如下。

（1）生产经营单位的主要负责人对本单位的安全生产工作全面负责。

（2）国家实行生产安全事故责任追究制度，依照本法和有关法律、法规的规定，追究生产安全事故责任人员的法律责任。

（3）生产经营单位的主要负责人对本单位安全生产工作负有下列职责：

① 建立、健全本单位安全生产责任制。

② 组织制订本单位安全生产规章制度和操作规程。

③ 组织制订并实施本单位安全生产教育和培训计划。

④ 保证本单位安全生产投入的有效实施。

⑤ 督促、检查本单位的安全生产工作，及时消除生产安全事故隐患。

⑥ 组织制订并实施本单位的生产安全事故应急救援预案。

⑦ 及时、如实报告生产安全事故。

（4）生产经营单位应当具备的安全生产条件所必需的资金投入，由生产经营单位的决策机构、主要负责人或者个人经营的投资人予以保证，并对由于安全生产所必需的资金投入不足导致的后果承担责任。

（5）矿山、金属冶炼、建筑施工、道路运输单位和危险物品的生产、经营、储存单位，应当设置安全生产管理机构或者配备专职安全生产管理人员。

（6）生产经营单位的安全生产管理机构及安全生产管理人员履行下列职责：

① 组织或者参与拟订本单位安全生产规章制度、操作规程和生产安全事故应急救援预案。

② 组织或者参与本单位安全生产教育和培训，如实记录安全生产教育和培训情况。

③ 督促落实本单位危险化学品重大危险源的安全管理措施。

④ 组织或者参与本单位应急救援演练。

⑤ 检查本单位的安全生产状况，及时排查生产安全事故隐患，提出改进安全生产管理的建议。

⑥ 制止和纠正违章指挥、强令冒险作业、违反操作规程的行为。

⑦ 督促落实本单位安全生产整改措施。

（7）生产经营单位的安全生产管理机构及安全生产管理人员应当恪尽职守，依法履行职责。生产经营单位做出涉及安全生产的经营决策，应当听取安全生产管理机构及安全生产管理人员的意见。生产经营单位不得因安全生产管理人员依法履行职责而降低其工资、福利等待遇或者解除与其订立的劳动合同。危险物品的生产、储存单位及矿山、金属冶炼单位的安全生产管理人员的任免，应当告知主管的负有安全生产监督管理职责的部门。

（8）生产经营单位的主要负责人和安全生产管理人员必须具备与本单位所从事的生产经营活动相应的安全生产知识和管理能力。危险物品的生产、经营、储存单位及矿山、金属冶炼、建筑施工、道路运输单位的主要负责人和安全生产管理人员，应当由主管的负有安全生产监督管理职责的部门对其安全生产知识和管理能力考核合格。考核不得收费。

（9）生产经营单位的安全生产管理人员应当根据本单位的生产经营特点，对安全生产状况进行经常性检查；对检查中发现的安全问题，应当立即处理；不能处理的，应当及时报告本单位有关负责人，有关负责人应当及时处理。检查及处理情况应当如实记录在案。生产经营单位的安全生产管理人员在检查中发现重大事故隐患，依照前款规定向本单位有关负责人报告，有关负责人不及时处理的，安全生产管理人员可以向主管的负有安全生产监督管理职责的部门报告，接到报告的部门应当依法及时处理。

（10）生产经营单位发生生产安全事故时，单位的主要负责人应当立即组织抢救，并不得在事故调查处理期间擅离职守。

（11）生产经营单位不得将生产经营项目、场所、设备发包或者出租给不具备安全生产条件或者相应资质的单位或者个人。

（12）任何单位或者个人对事故隐患或者安全生产违法行为，均有权向负有安全生产监督管理职责的部门报告或者举报。

（13）生产经营单位应当教育和督促从业人员严格执行本单位的安全生产规章制度和安全操作规程；并向从业人员如实告知作业场所和工作岗位存在的危险因素、防范措施及事故应急措施。

（14）生产经营单位应当建立健全生产安全事故隐患排查治理制度，采取技术、管理措施，及时发现并消除事故隐患。事故隐患排查治理情况应当如实记录，并向从业人员通报。

（15）生产经营单位不得以任何形式与从业人员订立协议，免除或者减轻其对从业人员因生产安全事故伤亡应依法承担的责任。

### （二）《中华人民共和国职业病防治法》※

《中华人民共和国职业病防治法》，根据2016年7月2日第十二届全国人民代表大会常务委员会第二十一次会议第一次修正，根据2017年11月4日第十二届全国人民代表大会常务委员会第三十次会议第二次修正，根据2018年12月29日第十三届全国人民代表大会常务委员会第七次会议第三次修正，自2018年12月29日起施行。该法旨在预防、控制和消除职业病危害，防治职业病，保护劳动者健康及其相关权益，促进经济社会发展。《中华人民共和国职业病防治法》明确规定了用人单位的职责，主要包括。

（1）用人单位应当为劳动者创造符合国家职业卫生标准和卫生要求的工作环境和条件，并采取措施保障劳动者获得职业卫生保护。

（2）用人单位应当建立、健全职业病防治责任制，加强对职业病防治的管理，提高职业病防治水平，对本单位产生的职业病危害承担责任。

（3）用人单位的主要负责人对本单位的职业病防治工作全面负责。用人单位的主要负责人和职业卫生管理人员应当接受职业卫生培训，遵守职业病防治法律、法规，依法组织本单位的职业病防治工作。

（4）用人单位应当依照法律、法规要求，严格遵守国家职业卫生标准，落实职业病预防措施，从源头上控制和消除职业病危害。

（5）用人单位应当实施由专人负责的职业病危害因素日常监测，并确保监测系统处于正常运行状态。

同时，也明确了劳动者享有的职业卫生保护权利。这些权利有：

（1）获得职业卫生教育、培训。

（2）获得职业健康检查、职业病诊疗、康复等职业病防治服务。

（3）了解工作场所产生或者可能产生的职业病危害因素、危害后果和应当采取的职业病防护措施。

（4）要求用人单位提供符合防治职业病要求的职业病防护设施和个人使用的职业病防护用品，改善工作条件。

（5）对违反职业病防治法律、法规及危及生命健康的行为提出批评、检举和控告。

（6）拒绝违章指挥和强令进行没有职业病防护措施的作业。

（7）参与用人单位职业卫生工作的民主管理，对职业病防治工作提出意见和建议。

### （三）《中华人民共和国消防法》※

《中华人民共和国消防法》于1998年4月29日第九届全国人民代表大会常务委员会第二次会议通过，2019年4月23日第十三届全国人民代表大会常务委员会第十次会议修订，自2019年4月23日起施行。该法旨在预防火灾和减少火灾危害，加强应急救援工作，保护人身、财产安全，维护公共安全。相关的内容主要包括下列内容。

（1）机关、团体、企业、事业等单位应当履行下列消防安全职责：

① 落实消防安全责任制，制订本单位的消防安全制度、消防安全操作规程，制订灭火和应急疏散预案。

② 按照国家标准、行业标准配置消防设施、器材，设置消防安全标志，并定期组织检验、维修，确保完好有效。

③ 对建筑消防设施每年至少进行一次全面检测，确保完好有效，检测记录应当完整准确，存档备查。

④ 保障疏散通道、安全出口、消防车通道畅通，保证防火防烟分区、防火间距符合消防技术标准。

⑤ 组织防火检查，及时消除火灾隐患。

⑥ 组织进行有针对性的消防演练。

⑦ 法律、法规规定的其他消防安全职责。

（2）单位的主要负责人是本单位的消防安全责任人。

（3）生产、储存、经营易燃易爆危险品的场所不得与居住场所设置在同一建筑物内，并应当与居住场所保持安全距离。生产、储存、经营其他物品的场所与居住场所设置在同一建筑物内的，应当符合国家工程建设消防技术标准。

（4）生产、储存、装卸易燃易爆危险品的工厂、仓库和专用车站、码头的设置，应当符合消防技术标准。易燃易爆气体和液体的充装站、供应站、调压站，应当设置在符合消防安全要求的位置，并符合防火防爆要求。

（5）任何单位和个人都有维护消防安全、保护消防设施、预防火灾、报告火警的义务。任何单位和成年人都有参加有组织的灭火工作的义务。

（6）任何单位、个人不得损坏、挪用或者擅自拆除、停用消防设施、器材，不得埋压、圈占、遮挡消火栓或者占用防火间距，不得占用、堵塞、封闭疏散通道、安全出口、消防车通道。人员密集场所的门窗不得设置影响逃生和灭火救援的障碍物。

### （四）《中华人民共和国特种设备安全法》※

《中华人民共和国特种设备安全法》于2013年6月29日第十二届全国人民代表大会常务委员会第三次会议通过，自2014年1月1日起施行。该法旨在加强特种设备安全工作，预防特种设备事故，保障人身和财产安全，促进经济社会发展。相关的内容主要包括：

（1）特种设备的生产（包括设计、制造、安装、改造、修理）、经营、使用、检验、检测和特种设备安全的监督管理，适用本法。本法所称特种设备，是指对人身和财产安全有较大危险性的锅炉、压力容器（含气瓶）、压力管道、电梯、起重机械、客运索道、大型游乐设施、场（厂）内专用机动车辆，以及法律、行政法规规定适用本法的其他特种设备。

（2）特种设备生产、经营、使用单位应当遵守本法和其他有关法律、法规，建立、健全特种设备安全和节能责任制度，加强特种设备安全和节能管理，确保特种设备生产、经营、使用安全，符合节能要求。

（3）特种设备生产、经营、使用单位及其主要负责人对其生产、经营、使用的特种设备安全负责。特种设备生产、经营、使用单位应当按照国家有关规定配备特种设备安全管理人员、检测人员和作业人员，并对其进行必要的安全教育和技能培训。

（4）特种设备安全管理人员、检测人员和作业人员应当按照国家有关规定取得相应资格，方可从事相关工作。特种设备安全管理人员、检测人员和作业人员应当严格执行安全技术规范和管理制度，保证特种设备安全。

（5）特种设备使用单位应当使用取得许可生产并经检验合格的特种设备。禁止使用国家明令淘汰和已经报废的特种设备。

（6）特种设备使用单位应当在特种设备投入使用前或者投入使用后 30d 内，向负责特种设备安全监督管理的部门办理使用登记，取得使用登记证书。登记标志应当置于该特种设备的显著位置。

（7）特种设备使用单位应当建立岗位责任、隐患治理、应急救援等安全管理制度，制订操作规程，保证特种设备安全运行。

（8）特种设备使用单位应当建立特种设备安全技术档案。安全技术档案应当包括以下内容：

① 特种设备的设计文件、产品质量合格证明、安装及使用维护保养说明、监督检验证明等相关技术资料和文件。

② 特种设备的定期检验和定期自行检查记录。

③ 特种设备的日常使用状况记录。

④ 特种设备及其附属仪器仪表的维护保养记录。

⑤ 特种设备的运行故障和事故记录。

（9）特种设备使用单位应当对其使用的特种设备进行经常性维护保养和定期自行检查，并做出记录。特种设备使用单位应当对其使用的特种设备的安全附件、安全保护装置进行定期校验、检修，并做出记录。

（10）特种设备使用单位应当按照安全技术规范的要求，在检验合格有效期届满前一个月向特种设备检验机构提出定期检验要求。

（11）特种设备进行改造、修理，按照规定需要变更使用登记的，应当办理变更登记，方可继续使用。

（12）特种设备存在严重事故隐患，无改造、修理价值，或者达到安全技术规范规定的其他报废条件的，特种设备使用单位应当依法履行报废义务，采取必要措施消除该特种设备的使用功能，并向原登记的负责特种设备安全监督管理的部门办理使用登记证书注销手续。

（13）特种设备使用单位应当制订特种设备事故应急专项预案，并定期进行应急演练。

## （五）《危险化学品安全管理条例》※

《危险化学品安全管理条例》（中华人民共和国国务院令第645号）于2013年12月4日国务院第32次常务会议通过，2013年12月7日《国务院关于修改部分行政法规的决定》（中华人民共和国国务院令第645号）公布，自2013年12月7日起施行。该条例旨在加强危险化学品的安全管理，预防和减少危险化学品事故，保障人民群众生命财产安全，保护环境。相关内容如下。

（1）生产、储存、使用、经营、运输危险化学品的单位的主要负责人对本单位的危险化学品安全管理工作全面负责。

（2）生产、储存危险化学品的单位，应当根据其生产、储存的危险化学品的种类和危险特性，在作业场所设置相应的监测、监控、通风、防晒、调温、防火、灭火、防爆、泄压、防毒、中和、防潮、防雷、防静电、防腐、防泄漏及防护围堤或者隔离操作等安全设施、设备，并按照国家标准、行业标准或者国家有关规定对安全设施、设备进行经常性维护、保养，保证安全设施、设备的正常使用。

（3）生产、储存危险化学品的单位，应当在其作业场所和安全设施、设备上设置明显的安全警示标志。

（4）生产、储存危险化学品的单位，应当在其作业场所设置通信、报警装置，并保证处于适用状态。

（5）生产、储存危险化学品的企业，应当委托具备国家规定的资质条件的机构，对本企业的安全生产条件每3年进行一次安全评价，提出安全评价报告。安全评价报告的内容应当包括对安全生产条件存在的问题进行整改的方案。

（6）危险化学品生产企业、进口企业，应当向国务院安全生产监督管理部门负责危险化学品登记的机构办理危险化学品登记。

（7）国家鼓励危险化学品生产企业和使用危险化学品从事生产的企业采用有利于提高安全保障水平的先进技术、工艺、设备及自动控制系统，鼓励对危险化学品实行专门储存、统一配送、集中销售。

（8）储存危险化学品的单位应当建立危险化学品出入库核查、登记制度。

（9）危险化学品的装卸作业应当遵守安全作业标准、规程和制度，并在装卸管理人员的现场指挥或者监控下进行。

（10）负有危险化学品安全监督管理职责的部门依法进行监督检查，监督检查人员不得少于2人，并应当出示执法证件；有关单位和个人对依法进行的监督检查应当予以配合，不得拒绝、阻碍。

### （六）《易制毒化学品管理条例》

《易制毒化学品管理条例》于2005年8月26日以中华人民共和国国务院令第445号的形式公布，根据2014年7月29日《国务院关于修改部分行政法规的决定》第一次修订，根据2016年2月6日《国务院关于修改部分行政法规的决定》第二次修订，根据2018年9月18日《国务院关于修改部分行政法规的决定》第三次修订。该条例旨在加强易制毒化学品管理，规范易制毒化学品的生产、经营、购买、运输和进口、出口行为，防止易制毒化学品被用于制造毒品，维护经济和社会秩序。相关规定如下。

（1）国家对易制毒化学品的生产、经营、购买、运输和进口、出口实行分类管理和许可制度。

（2）易制毒化学品的生产、经营、购买、运输和进口、出口，除应当遵守本条例的规定外，属于药品和危险化学品的，还应当遵守法律、其他行政法规对药品和危险化学品的有关规定。

（3）禁止走私或者非法生产、经营、购买、转让、运输易制毒化学品。

（4）生产、经营、购买、运输和进口、出口易制毒化学品的单位，应当建立单位内部易制毒化学品管理制度。

### （七）《使用有毒物品作业场所劳动保护条例》

《使用有毒物品作业场所劳动保护条例》于2002年5月12日以中华人民共和国国务院令第352号的形式公布，自2002年5月12日起施行。该条例旨在保证作业场所安全使用有毒物品，预防、控制和消除职业中毒危害，保护劳动者的生命安全、身体健康及其相关权益。有关规定具体如下。

（1）从事使用有毒物品作业的用人单位（以下简称“用人单位”）应当使用符合国家标准的有毒物品，不得在作业场所使用国家明令禁止使用的有毒物品或者使用不符合国家标准的有毒物品。用人单位应当尽可能使用无毒物品；需要使用有毒物品的，应当优先选择使用低毒物品。

（2）用人单位应当依照该条例和其他有关法律、行政法规的规定，采取有效的防护措施，预防职业中毒事故的发生，依法参加工伤保险，保障劳动者的生命安全和身体健康。

（3）用人单位有关管理人员应当熟悉有关职业病防治的法律、法规及确保劳动者安全使用有毒物品作业的知识。

（4）用人单位应当组织从事使用有毒物品作业的劳动者进行上岗前职业健康检查。

## （八）《工伤保险条例》

《工伤保险条例》于2003年4月27日以（中华人民共和国国务院令第586号）的形式公布，根据2010年12月20日《国务院关于修改〈工伤保险条例〉的决定》进行修订，新修订的《工伤保险条例》自2011年1月1日起施行。该条例旨在保障因工作遭受事故伤害或者患职业病的职工获得医疗救治和经济补偿，促进工伤预防和职业康复，分散用人单位的工伤风险。新修订的《工伤保险条例》对从业人员应享有的工伤保险权利有如下规定。

（1）中华人民共和国境内的企业、事业单位、社会团体、民办非企业单位、基金会、律师事务所、会计师事务所等组织和有雇工的个体工商户（以下简称“用人单位”）应当依照本条例规定参加工伤保险，为本单位全部职工或者雇工（以下简称“职工”）缴纳工伤保险费。

（2）用人单位和职工应当遵守有关安全生产和职业病防治的法律法规，执行安全卫生规程和标准，预防工伤事故发生，避免和减少职业病危害。职工发生工伤时，用人单位应当采取措施使工伤职工得到及时救治。

（3）职工有下列情形之一的，应当认定为工伤：

① 在工作时间和工作场所内，因工作原因受到事故伤害的。

② 工作时间前后在工作场所内，从事与工作有关的预备性或者收尾性工作受到事故伤害的。

③ 在工作时间和工作场所内，因履行工作职责受到暴力等意外伤害的。

④ 患职业病的。

⑤ 因工外出期间，由于工作原因受到伤害或者发生事故下落不明的。

⑥ 在上下班途中，受到非本人主要责任的交通事故或者城市轨道交通、客运轮渡、火车事故伤害的。

⑦ 法律、行政法规规定应当认定为工伤的其他情形。

（4）职工有下列情形之一的，视同工伤：

① 在工作时间和工作岗位，突发疾病死亡或者在48h内经抢救无效死亡的。

② 在抢险救灾等维护国家利益、公共利益活动中受到伤害的。

③ 职工原在军队服役，因战、因公负伤致残，已取得革命伤残军人证，到用人单位后旧伤复发的。

## （九）《生产安全事故报告和调查处理条例》※

《生产安全事故报告和调查处理条例》于2007年4月9日以中华人民共和国国务院令第493号的形式公布，自2007年6月1日起施行。该条例旨在规范生产安全事故的报告和调查处理，落实生产安全事故责任追究制度，防止和减少生产安全事故。相关规定如下。

（1）事故发生后，事故现场有关人员应当立即向本单位负责人报告；单位负责人接到报告后，应当于 1h 内向事故发生地县级以上人民政府安全生产监督管理部门和负有安全生产监督管理职责的有关部门报告。情况紧急时，事故现场有关人员可以直接向事故发生地县级以上人民政府安全生产监督管理部门和负有安全生产监督管理职责的有关部门报告。

（2）事故发生单位负责人接到事故报告后，应当立即启动事故相应应急预案，或者采取有效措施，组织抢救，防止事故扩大，减少人员伤亡和财产损失。

（3）报告事故应当包括：事故发生单位概况，事故发生的时间、地点及事故现场情况，事故的简要经过，事故已经造成或者可能造成的伤亡人数（包括下落不明的人数）和初步估计的直接经济损失，已经采取的措施等。

（4）事故报告应当及时、准确、完整，任何单位和个人对事故不得迟报、漏报、谎报或者瞒报。任何单位和个人不得阻挠和干涉对事故的报告和依法调查处理。

（5）对事故报告和调查处理中的违法行为，任何单位和个人有权向安全生产监督管理部门、监察机关或者其他有关部门举报。

（6）事故发生后，有关单位和人员应当妥善保护事故现场及相关证据，任何单位和个人不得破坏事故现场、毁灭相关证据。

（7）事故发生单位对事故发生负有责任的，由有关部门依法暂扣或者吊销其有关证照；对事故发生单位负有事故责任的有关人员，依法暂停或者撤销其与安全生产有关的执业资格、岗位证书。

（8）事故调查组有权向有关单位和个人了解与事故有关的情况，并要求其提供相关文件、资料，有关单位和个人不得拒绝。事故发生单位的负责人和有关人员在事故调查期间不得擅离职守，并应当随时接受事故调查组的询问，如实提供有关情况。事故调查中发现涉嫌犯罪的，事故调查组应当及时将有关材料或者其复印件移交司法机关处理。

（9）根据生产安全事故（以下简称事故）造成的人员伤亡或者直接经济损失，事故一般分为以下等级：

① 特别重大事故，是指造成 30 人以上死亡，或者 100 人以上重伤（包括急性工业中毒，下同），或者 1 亿元以上直接经济损失的事故。

② 重大事故，是指造成 10 人以上 30 人以下死亡，或者 50 人以上 100 人以下重伤，或者 5000 万元以上 1 亿元以下直接经济损失的事故。

③ 较大事故，是指造成 3 人以上 10 人以下死亡，或者 10 人以上 50 人以下重伤，或者 1000 万元以上 5000 万元以下直接经济损失的事故。

④ 一般事故，是指造成 3 人以下死亡，或者 10 人以下重伤，或者 1000 万元以下直接经济损失的事故。

——一般事故A级，是指造成3人以下死亡，或者3人以上（含3人）10人以下重伤，或者10人以上（含10人）轻伤，或者100万元以上（含100万元）1000万元以下直接经济损失的事故。

——一般事故B级，是指造成3人以下重伤，或者3人以上（含3人）10人以下轻伤，或者10万元以上（含10万元）100万元以下直接经济损失的事故。

——一般事故C级，是指造成3人以下轻伤，或者10万元以下1000元以上（含1000元）直接经济损失的事故。

## 二、安全生产部门规章及规范性文件※

### （一）《危险化学品生产企业安全生产许可证实施办法》※

《危险化学品生产企业安全生产许可证实施办法》于2011年8月5日以国家安全生产监督管理总局令第41号的形式公布，自2011年12月1日起施行，根据2015年5月27日《国家安全监管总局关于废止和修改危险化学品等领域七部规章的决定》（国家安全生产监督管理总局令第79号）修正。根据2017年3月6日《国家安全监管总局关于修改和废止部分规章及规范性文件的决定》（国家安全生产监督管理总局令第89号）修正。该办法旨在严格规范危险化学品生产企业安全生产条件，做好危险化学品生产企业安全生产许可证的颁发和管理工作。相关规定如下。

（1）企业应当依照本办法的规定取得危险化学品安全生产许可证（以下简称“安全生产许可证”）。未取得安全生产许可证的企业，不得从事危险化学品的生产活动。

（2）企业申请安全生产许可证时，应当提交下列文件、资料，并对其内容的真实性负责：

① 申请安全生产许可证的文件及申请书。

② 安全生产责任制文件，安全生产规章制度、岗位操作安全规程清单。

③ 设置安全生产管理机构，配备专职安全生产管理人员的文件复制件。

④ 主要负责人、分管安全负责人、安全生产管理人员和特种作业人员的安全合格证或者特种作业操作证复制件。

⑤ 与安全生产有关的费用提取和使用情况报告，新建企业提交有关安全生产费用提取和使用规定的文件。

⑥ 为从业人员缴纳工伤保险费的证明材料。

⑦ 危险化学品事故应急救援预案的备案证明文件。

⑧ 危险化学品登记证复制件。

⑨ 工商营业执照副本或者工商核准文件复制件。

⑩ 具备资质的中介机构出具的安全评价报告。

⑪ 新建企业的竣工验收报告。

⑫ 应急救援组织或者应急救援人员，以及应急救援器材、设备设施清单。

有危险化学品重大危险源的企业，除提交上述规定的文件、资料外，还应当提供危险化学品重大危险源及其应急预案的备案证明文件、资料。

### （二）《危险化学品建设项目安全监督管理办法》

《危险化学品建设项目安全监督管理办法》于2012年1月13日以国家安全生产监督管理总局令第45号的形式公布，自2012年4月1日起实施，根据2015年5月27日《国家安全监管总局关于废止和修改危险化学品等领域七部规章的决定》（国家安全生产监督管理总局令第79号）修正。该办法旨在加强危险化学品建设项目安全监督管理，规范危险化学品建设项目安全审查。相关规定如下。

（1）中华人民共和国境内新建、改建、扩建危险化学品生产、储存的建设项目及伴有危险化学品产生的化工建设项目（包括危险化学品长输管道建设项目，以下统称“建设项目”），其安全管理及其监督管理，适用本办法。危险化学品的勘探、开采及其辅助的储存，原油和天然气勘探、开采及其辅助的储存、海上输送，城镇燃气的输送及储存等建设项目，不适用本办法。

（2）建设单位应当在建设项目的可行性研究阶段，委托具备相应资质的安全评价机构对建设项目进行安全评价。

（3）建设单位应当在建设项目开始初步设计前，向与本办法规定相应的安全生产监督管理部门申请建设项目安全条件审查。

（4）设计单位应当根据有关安全生产的法律、法规、规章和国家标准、行业标准及建设项目安全条件审查意见书，按照《化工建设项目安全设计管理导则》（AQ/T 3033），对建设项目安全设施进行设计，并编制建设项目安全设施设计专篇。建设项目安全设施设计专篇应当符合《危险化学品建设项目安全设施设计专篇编制导则》的要求。

（5）建设单位应当在建设项目初步设计完成后、详细设计开始前，向出具建设项目安全条件审查意见书的安全生产监督管理部门申请建设项目安全设施设计审查。

（6）建设项目安全设施施工完成后，建设单位应当按照有关安全生产法律、法规、规章和国家标准、行业标准的规定，对建设项目安全设施进行检验、检测，保证建设项目安全设施满足危险化学品生产、储存的安全要求，并处于正常适用状态。

（7）建设单位应当组织建设项目的设计、施工、监理等有关单位和专家，研究提出建设项目试生产（使用）〔以下简称“试生产（使用）”〕可能出现的安全问题及对策，并按照有关安全生产法律、法规、规章和国家标准、行业标准的规定，制定周密的试生产（使用）方案。

（8）建设项目试生产期限应当不少于30d，不超过1年。

（9）建设单位在采取有效安全生产措施后，方可将建设项目安全设施与生产、储存、使用的主体装置、设施同时进行试生产（使用）。

（10）建设项目安全设施施工完成后，施工单位应当编制建设项目安全设施施工情况报告。

（11）建设项目试生产期间，建设单位应当按照本办法的规定委托有相应资质的安全评价机构对建设项目及其安全设施试生产（使用）情况进行安全验收评价，且不得委托在可行性研究阶段进行安全评价的同一安全评价机构。

（12）建设项目投入生产和使用前，建设单位应当组织人员进行安全设施竣工验收，做出建设项目安全设施竣工验收是否通过的结论。参加验收人员的专业能力应当涵盖建设项目涉及的所有专业内容。

危险化学品建设项目“三同时”流程图如图 1–1 所示。

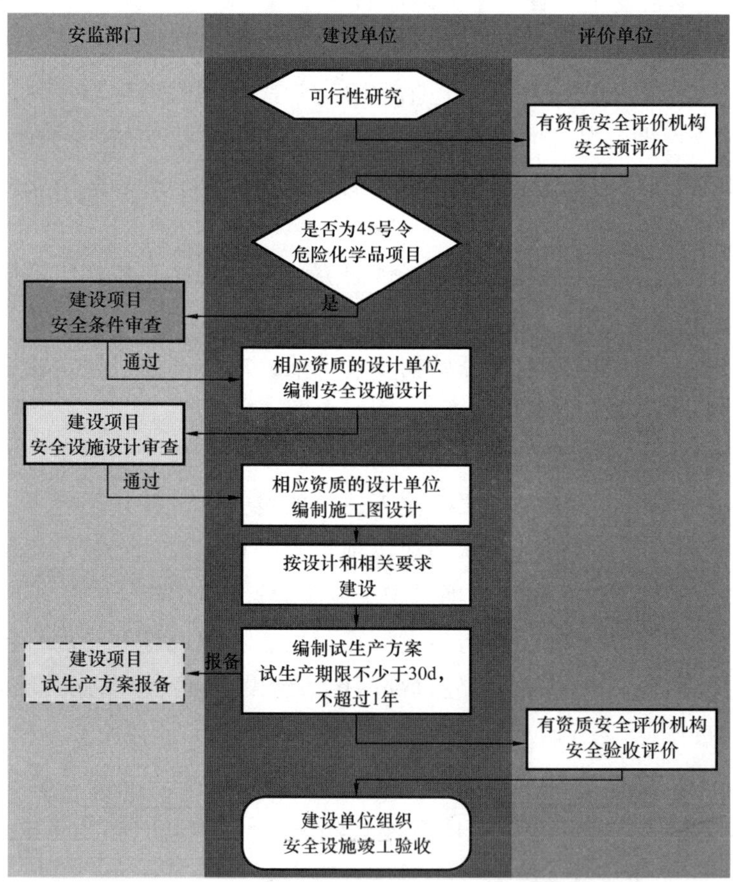


图 1–1　危险化学品建设项目“三同时”流程图

## （三）《危险化学品登记管理办法》

《危险化学品登记管理办法》于 2012 年 7 月 1 日以国家安全生产监督管理总局令第 53 号令的形式公布，自 2012 年 8 月 1 日起施行。原国家经济贸易委员会 2002 年 10 月 8 日公布的《危险化学品登记管理办法》同时废止。该办法旨在加强对危险化学品的安全管理，规范危险化学品登记工作，为危险化学品事故预防和应急救援提供技术、信息支持。相关内容包括。

（1）新建的生产企业应当在竣工验收前办理危险化学品登记。进口企业应当在首次进口前办理危险化学品登记。

（2）危险化学品登记应当包括下列内容：

① 分类和标签信息，包括危险化学品的危险性类别、象形图、警示词、危险性说明、防范说明等。

② 物理、化学性质，包括危险化学品的外观与性状、溶解性、熔点、沸点等物理性质，闪点、爆炸极限、自燃温度、分解温度等化学性质。

③ 主要用途，包括企业推荐的产品合法用途、禁止或者限制的用途等。

④ 危险特性，包括危险化学品的物理危险性、环境危害性和毒理特性。

⑤ 储存、使用、运输的安全要求，其中，储存的安全要求包括对建筑条件、库房条件、安全条件、环境卫生条件、温度和湿度条件的要求，使用的安全要求包括使用时的操作条件、作业人员防护措施、使用现场危害控制措施等，运输的安全要求包括对运输或者输送方式的要求、危害信息向有关运输人员的传递手段、装卸及运输过程中的安全措施等。

⑥ 出现危险情况的应急处置措施，包括危险化学品在生产、使用、储存、运输过程中发生火灾、爆炸、泄漏、中毒、窒息、灼伤等化学品事故时的应急处理方法，应急咨询服务电话等。

### （四）《生产经营单位安全培训规定》※

《生产经营单位安全培训规定》于 2006 年 1 月 17 日以国家安全生产监督管理总局令第 3 号的形式公布，自 2006 年 3 月 1 日起施行，根据 2015 年 5 月 29 日国家安全生产监督管理总局令第 80 号第二次修正。该规定旨在加强和规范生产经营单位安全培训工作，提高从业人员安全素质，防范伤亡事故，减轻职业危害。相关规定包括。

（1）生产经营单位主要负责人和安全生产管理人员应当接受安全培训，具备与所从事的生产经营活动相适应的安全生产知识和管理能力。

（2）生产经营单位主要负责人安全培训应当包括下列内容：

① 国家安全生产方针、政策和有关安全生产的法律、法规、规章及标准。

② 安全生产管理基本知识、安全生产技术、安全生产专业知识。

③ 危险化学品重大危险源管理、重大事故防范、应急管理和救援组织及事故调查处理的有关规定。

④ 职业危害及其预防措施。

⑤ 国内外先进的安全生产管理经验。

⑥ 典型事故和应急救援案例分析。

⑦ 其他需要培训的内容。

（3）生产经营单位安全生产管理人员安全培训应当包括下列内容：

① 国家安全生产方针、政策和有关安全生产的法律、法规、规章及标准。

② 安全生产管理、安全生产技术、职业卫生等知识。

③ 伤亡事故统计、报告及职业危害的调查处理方法。

④ 应急管理、应急预案编制及应急处置的内容和要求。

⑤ 国内外先进的安全生产管理经验。

⑥ 典型事故和应急救援案例分析。

⑦ 其他需要培训的内容。

（4）煤矿、非煤矿山、危险化学品、烟花爆竹、金属冶炼等生产经营单位主要负责人和安全生产管理人员初次安全培训时间不得少于 48 学时，每年再培训时间不得少于 16 学时。

（5）非煤矿山、危险化学品、烟花爆竹、金属冶炼等生产经营单位主要负责人和安全生产管理人员的安全培训大纲及考核标准由国家安全生产监督管理总局统一制订。

（6）煤矿、非煤矿山、危险化学品、烟花爆竹、金属冶炼等生产经营单位主要负责人和安全生产管理人员，自任职之日起 6 个月内，必须经安全生产监管监察部门对其安全生产知识和管理能力考核合格。

（7）生产经营单位的主要负责人负责组织制订并实施本单位安全培训计划。

（8）生产经营单位应当建立健全从业人员安全生产教育和培训档案，由生产经营单位的安全生产管理机构及安全生产管理人员详细、准确记录培训的时间、内容、参加人员及考核结果等情况。

### （五）《特种作业人员安全技术培训考核管理规定》※

《特种作业人员安全技术培训考核管理规定》于 2010 年 5 月 24 日以国家安全生产监督管理总局令第 30 号的形式公布，自 2010 年 7 月 1 日起施行，根据 2015 年 5 月 29 日《国家安全监管总局关于废止和修改劳动防护用品和安全培训等领域十部规章的决定》（国家安全生产监督管理总局令第 80 号）第二次修正。该规定旨在规范特种作业人员的安全技术培训考核工作，提高特种作业人员的安全技术水平，防止和减少伤亡事故。相关规定如下。

（1）危险化学品特种作业人员应当符合下列条件：

① 年满 18 周岁，且不超过国家法定退休年龄。

② 经社区或者县级以上医疗机构体检健康合格，并无妨碍从事相应特种作业的器质性心脏病、癫痫病、美尼尔氏症、眩晕症、癔病、震颤麻痹症、精神病、痴呆症及其他疾病和生理缺陷。

③ 具有高中或者相当于高中及以上文化程度。

④ 具备必要的安全技术知识与技能。

⑤ 相应特种作业规定的其他条件。

（2）特种作业人员必须经专门的安全技术培训并考核合格，取得《中华人民共和国特种作业操作证》（以下简称特种作业操作证）后，方可上岗作业。

（3）生产经营单位应当加强对本单位特种作业人员的管理，建立健全特种作业人员培训、复审档案，做好申报、培训、考核、复审的组织工作和日常的检查工作。

此外，《特种作业人员安全技术培训考核管理规定》还将 16 种危险化学品作业列入特种作业范畴，这 16 种危险化学品作业为：光气及光气化工艺作业、氯碱电解工艺作业、氯化工艺作业、硝化工艺作业、合成氨工艺作业、裂解（裂化）工艺作业、氟化工艺作业、加氢工艺作业、重氮化工艺作业、氧化工艺作业、过氧化工艺作业、胺基化工艺作业、磺化工艺作业、聚合工艺作业、烷基化工艺作业、化工自动化控制仪表作业。

### （六）《危险化学品重大危险源监督管理暂行规定》※

《危险化学品重大危险源监督管理暂行规定》于 2011 年 8 月 5 日以国家安全生产监督管理总局令第 40 号的形式公布，自 2011 年 12 月 1 日起施行，根据 2015 年 5 月 27 日《国家安全监管总局关于废止和修改危险化学品等领域七部规章的决定》（国家安全生产监督管理总局令第 79 号）修正。该规定旨在加强危险化学品重大危险源的安全监督管理，防止和减少危险化学品事故的发生，保障人民群众生命财产安全。相关规定如下。

（1）危险化学品单位是本单位危险化学品重大危险源安全管理的责任主体，其主要负责人对本单位的危险化学品重大危险源安全管理工作负责，并保证危险化学品重大危险源安全生产所必需的安全投入。

（2）危险化学品单位应当按照《危险化学品重大危险源辨识》（GB 18218），对本单位的危险化学品生产、经营、储存和使用装置、设施或者场所进行危险化学品重大危险源辨识，并记录辨识过程与结果。

（3）危险化学品单位应当对危险化学品重大危险源进行安全评估并确定危险化学品重大危险源等级。

（4）危险化学品单位应当建立完善危险化学品重大危险源安全管理规章制度和安全操作规程，并采取有效措施保证其得到执行。

（5）通过定量风险评价确定的危险化学品重大危险源的个人和社会风险值，不得超过《危险化学品生产、储存装置个人可接受风险标准和社会可接受风险标准（试行）》（国家安全生产监督管理总局公告 2014 年第 13 号）列示的个人和社会可容许风险限值标准。超过个人和社会可容许风险限值标准的，危险化学品单位应当采取相应的降低风险措施。

### （七）《安全生产事故隐患排查治理暂行规定》

《安全生产事故隐患排查治理暂行规定》于 2007 年 12 月 28 日以国家安全生产监督管理总局令第 16 号令的形式公布，自 2008 年 2 月 1 日起施行。该规定旨在建立安全生产事故隐患排查治理长效机制，强化安全生产主体责任，加强事故隐患监督管理，防止和减少事故，保障人民群众生命财产安全。相关规定如下：

（1）生产经营单位应当建立健全事故隐患排查治理制度。生产经营单位主要负责人对本单位事故隐患排查治理工作全面负责。

（2）生产经营单位是事故隐患排查、治理和防控的责任主体。生产经营单位应当建立健全事故隐患排查治理和建档监控等制度，逐级建立并落实从主要负责人到每个从业人员的隐患排查治理和监控责任制。

（3）生产经营单位应当定期组织安全生产管理人员、工程技术人员和其他相关人员排查本单位的事故隐患。对排查出的事故隐患，应当按照事故隐患的等级进行登记，建立事故隐患信息档案，并按照职责分工实施监控治理。

（4）生产经营单位应当每季、每年对本单位事故隐患排查治理情况进行统计分析，并分别于下一季度 15 日前和下一年 1 月 31 日前向安全监管监察部门和有关部门报送书面统计分析表。统计分析表应当由生产经营单位主要负责人签字。对于重大事故隐患，生产经营单位除依照规定报送外，应当及时向安全监管监察部门和有关部门报告。

（5）对于一般事故隐患，由生产经营单位（车间、分厂、区队等）负责人或者有关人员立即组织整改。对于重大事故隐患，由生产经营单位主要负责人组织制订并实施事故隐患治理方案。

（6）生产经营单位在事故隐患治理过程中，应当采取相应的安全防范措施，防止事故发生。事故隐患排除前或者排除过程中无法保证安全的，应当从危险区域内撤出作业人员，并疏散可能危及的其他人员，设置警戒标志，暂时停产停业或者停止使用；对暂时难以停产或者停止使用的相关生产储存装置、设施、设备，应当加强维护和保养，防止事故发生。

（7）地方人民政府或者安全监管监察部门及有关部门挂牌督办并责令全部或者局部停产停业治理的重大事故隐患，经治理后符合安全生产条件的，生产经营单位应当向安全监管监察部门和有关部门提出恢复生产的书面申请，经安全监管监察部门和有关部门审查同意后，方可恢复生产经营。

### （八）《生产安全事故信息报告和处置办法》

《生产安全事故信息报告和处置办法》于 2009 年 6 月 16 日以国家安全生产监督管理总局令第 21 号的形式公布，自 2009 年 7 月 1 日起实施。该办法旨在规范生产安全事故信息的报告和处置工作。相关规定如下。

（1）生产经营单位发生生产安全事故或者较大涉险事故，其单位负责人接到事故信息报告后应当于 1h 内报告事故发生地县级安全生产监督管理部门。发生较大以上生产安全事故的，事故发生单位在依照规定报告的同时，应当在 1h 内报告省级安全生产监督管理部门、省级煤矿安全监察机构。发生重大、特别重大生产安全事故的，事故发生单位在依照本条规定报告的同时，可以立即报告国家安全生产监督管理总局、国家煤矿安全监察局。

（2）事故具体情况暂时不清楚的，负责事故报告的单位可以先报事故概况，随后补报事故全面情况。事故信息报告后出现新情况的，负责事故报告的生产经营单位应当依照相关规定及时续报。

（3）生产经营单位及其有关人员对生产安全事故迟报、漏报、谎报或者瞒报的，依照有关规定予以处罚。生产经营单位对较大涉险事故迟报、漏报、谎报或者瞒报的，给予警告，并处 3 万元以下的罚款。

### （九）《工作场所职业卫生监督管理规定》

《工作场所职业卫生监督管理规定》于 2012 年 4 月 27 日以国家安全生产监督管理总局令第 47 号的形式公布，自 2012 年 6 月 1 日起施行。国家安全生产监督管理总局 2009 年 7 月 1 日公布的《作业场所职业健康监督管理暂行规定》同时废止。该规定旨在加强职业卫生监督管理工作，强化用人单位职业病防治的主体责任，预防、控制职业病危害，保障劳动者健康和相关权益。相关规定如下。

（1）职业病危害严重的用人单位，应当设置或者指定职业卫生管理机构或者组织，配备专职职业卫生管理人员。其他存在职业病危害的用人单位，劳动者超过 100 人的，应当设置或者指定职业卫生管理机构或者组织，配备专职职业卫生管理人员；劳动者在 100 人以下的，应当配备专职或者兼职的职业卫生管理人员，负责本单位的职业病防治工作。

（2）用人单位主要负责人、职业卫生管理人员的职业卫生培训，应当包括下列主要内容。

① 职业卫生相关法律、法规、规章和国家职业卫生标准。

② 职业病危害预防和控制的基本知识。

③ 职业卫生管理相关知识。

④ 国家安全生产监督管理总局规定的其他内容。

（3）用人单位发生职业病危害事故，应当及时向所在地安全生产监督管理部门和有关部门报告，并采取有效措施，减少或者消除职业病危害因素，防止事故扩大。对遭受或者可能遭受急性职业病危害的劳动者，用人单位应当及时组织救治、进行健康检查和医学观察，并承担所需费用。

（4）用人单位不得故意破坏事故现场、毁灭有关证据，不得迟报、漏报、谎报或者瞒报职业病危害事故。

### （十）《国家安全监督总局关于印发企业安全生产责任体系五落实五到位规定的通知》

为深入贯彻落实习近平总书记关于安全生产工作的重要论述精神和全国安全生产电视电话会议部署，全面贯彻落实新《中华人民共和国安全生产法》，进一步健全安全生产责任体系，强化企业安全生产主体责任落实，国家安全生产监督管理总局在 2015 年 3 月 16 日制定了《企业安全生产责任体系五落实五到位规定》（安监总办〔2015〕27 号）。具体如下。

（1）必须落实“党政同责”要求，董事长、党组织书记、总经理对本企业安全生产工作共同承担领导责任。

（2）必须落实安全生产“一岗双责”，所有领导班子成员对分管范围内安全生产工作承担相应职责。

（3）必须落实安全生产组织领导机构，成立安全生产委员会，由董事长或总经理担任主任。

（4）必须落实安全管理力量，依法设置安全生产管理机构，配齐配强注册安全工程师等专业安全管理人员。

（5）必须落实安全生产报告制度，定期向董事会、业绩考核部门报告安全生产情况，并向社会公示。

（6）必须做到安全责任到位、安全投入到位、安全培训到位、安全管理到位、应急救援到位。

### （十一）《企业安全生产费用提取和使用管理办法》※

《企业安全生产费用提取和使用管理办法》（财企〔2012〕16 号）于 2012 年 2 月 14 日由财政部、国家安全生产监督管理总局联合发布，2012 年 2 月 14 日起施行。旨在建立企业安全生产投入长效机制，加强安全生产费用管理，保障企业安全生产资金投入，维护企业、职工及社会公共利益。相关规定如下。

（1）非煤矿山开采企业依据开采的原矿产量按月提取。石油，每吨原油 17 元；天然气，每千立方米原气 5 元。

（2）危险品生产与储存企业以上年度实际营业收入为计提依据，采取超额累退方式按照以下标准平均逐月提取：营业收入不超过 1000 万元的，按照 4% 提取；营业收入超过 1000 万元至 1 亿元的部分，按照 2% 提取；营业收入超过 1 亿元至 10 亿元的部分，按照 0.5% 提取；营业收入超过 10 亿元的部分，按照 0.2% 提取。

（3）非煤矿山开采企业安全费用应当按照以下范围使用：

① 完善、改造和维护安全防护设施设备（不含“三同时”要求初期投入的安全设施）和重大安全隐患治理支出。

② 应急救援技术装备、设施配置及维护保养支出，事故逃生和紧急避难设施设备的配置和应急演练支出。

③ 开展危险化学品重大危险源和事故隐患评估、监控和整改支出。

④ 安全生产检查、评价（不包括新建、改建、扩建项目安全评价）、咨询、标准化建设支出。

⑤ 配备和更新现场作业人员安全防护用品支出。

⑥ 安全生产宣传、教育、培训支出。

⑦ 安全生产适用的新技术、新标准、新工艺、新装备的推广应用支出。

⑧ 安全设施及特种设备检测检验支出。

⑨ 其他与安全生产直接相关的支出。

（4）危险品生产与储存企业安全费用应当按照以下范围使用：

① 完善、改造和维护安全防护设施设备支出（不含“三同时”要求初期投入的安全设施）。

② 配备、维护、保养应急救援器材、设备支出和应急演练支出。

③ 开展危险化学品重大危险源和事故隐患评估、监控和整改支出。

④ 安全生产检查、评价（不包括新建、改建、扩建项目安全评价）、咨询和标准化建设支出。

⑤ 配备和更新现场作业人员安全防护用品支出。

⑥ 安全生产宣传、教育、培训支出。

⑦ 安全生产适用的新技术、新标准、新工艺、新装备的推广应用支出。

⑧ 安全设施及特种设备检测检验支出。

⑨ 其他与安全生产直接相关的支出。

## （十二）《新疆维吾尔自治区危险化学品重大危险源监督管理办法》※

《新疆维吾尔自治区危险化学品重大危险源监督管理办法》于 2013 年 12 月 18 日以自治区安全生产监督管理局新安监危化〔2013〕194 号的形式公布，自 2014 年 3 月 1 日起施行。旨在加强危险化学品重大危险源安全监督管理，预防和减少危险化学品事故，保障人民群众生命财产安全。

（1）危险化学品单位应当按照《危险化学品重大危险源辨识》（GB 18218），对本单位的危险化学品生产、储存、经营和使用装置、设施或者场所进行危险化学品重大危险源辨识，并对辨识结果负责。辨识结果应当包括以下内容：

① 辨识单元范围。

② 辨识单元内危险化学品名称、数量、所处位置。

③ 辨识的计算过程及结论。

（2）危险化学品单位经辨识存在危险化学品重大危险源的，应当进行安全评估，确定危险化学品重大危险源等级，编制危险化学品重大危险源安全评估报告。

（3）危险化学品重大危险源有下列情形之一的，应当委托具有相应资质的安全生产技术服务机构，按照有关标准的规定采用定量风险评价方法进行安全评估，确定个人和社会风险值：

① 构成一级或者二级危险化学品重大危险源，且毒性气体实际存在（在线）量与其在《危险化学品重大危险源辨识》中规定的临界量比值之和大于或者等于 1 的。

② 构成一级危险化学品重大危险源，且爆炸品或者液化易燃气体实际存在（在线）量与其在《危险化学品重大危险源辨识》中规定的临界量比值之和大于或者等于 1 的。

（4）有下列情形之一的，危险化学品单位应当对危险化学品重大危险源重新进行辨识、评估及分级：

① 危险化学品重大危险源安全评估已满三年的。

② 构成危险化学品重大危险源的装置、设施或者场所进行新建、改建、扩建的。

③ 危险化学品种类、数量、生产、使用工艺或者储存方式及重要设备、设施等发生变化，影响危险化学品重大危险源级别或者风险程度的。

④ 外界生产安全环境因素发生变化，影响危险化学品重大危险源级别和风险程度的。

⑤ 发生危险化学品事故造成人员死亡，或者 10 人以上受伤，或者影响到公共安全的。

⑥ 有关危险化学品重大危险源辨识和安全评估的标准发生变化的。

（5）危险化学品单位应当对危险化学品重大危险源的管理和操作岗位人员进行安全操作技能培训，使其了解危险化学品重大危险源的危险特性，熟悉危险化学品重大危险源安全管理规章制度和安全操作规程，掌握本岗位的安全操作技能和应急措施。危险化学品单位新招的危险化学品重大危险源管理和操作岗位人员，除按规定进行安全培训外，还应当在有危险化学品重大危险源管理和操作经验的工作人员带领下实习满 2 个月后，方可独立上岗作业。

（6）危险化学品单位应当在危险化学品重大危险源所在场所设置明显的安全警示牌，写明所涉及危险化学品的危险特性、数量及紧急情况下的应急处置办法。

## 三、安全生产标准 ※

安全生产标准是指需要统一的安全生产技术要求，是围绕如何消除、限制或预防劳动过程中的危害和有害因素，保护职工安全与健康，保障设备、生产正常运行而制定的统一技术性规定。

安全生产标准分为强制性标准和推荐性标准，其内容涉及需要强制执行的安全生产条件、安全管理等的，为强制性标准；其他为推荐性标准。安全生产标准实施后需要上升为国家标准的，应当及时上升为国家标准，并在相应的国家标准实施后，即行废止。

近年来颁布的与危险化学品密切相关的安全生产标准包括以下内容。

### （一）《危险化学品事故应急救援指挥导则》（AQ/T 3052—2015）

本标准由国家安全生产监督管理总局于2015年3月6日发布，于2015年9月1日实施。该标准适用于由政府部门、外部救援力量和事故单位共同参与救援的危险化学品事故的应急救援，规定了危险化学品事故应急救援指挥的基本原则和程序。

### （二）《化学品生产单位特殊作业安全规范》（GB 30871—2014）

本标准由中华人民共和国国家质量监督检验检疫总局、中国国家标准化管理委员会于2014年7月24日发布，于2015年6月1日实施。该标准规定了化学品生产单位设备检修中动火、进入受限空间、盲板抽堵、高处作业、吊装、临时用电、动土、断路的安全要求。适用于化学品生产单位设备检修中涉及的动火作业、受限空间作业、盲板抽堵作业、高处作业、吊装作业、临时用电作业、动土作业、断路作业。

### （三）《化学品安全标签编写规定》（GB 15258—2009）

本标准由中华人民共和国国家质量监督检验检疫总局、中国国家标准化管理委员会于2009年6月21日发布，于2010年5月1日实施。本标准适用于爆炸品、压缩气体和液化气体、易燃液体、易燃固体、自燃物品和遇湿易燃物品、氧化剂和有机过氧化物、毒害品和腐蚀品及其他对人体和环境具有危害的化学品安全标签的编写，规定了化学品安全标签的内容和编写要求。

### （四）《危险化学品重大危险源辨识》（GB 18218—2018）

本标准由国家市场监督管理总局、中国国家标准化管理委员会于2018年11月19日联合发布，于2019年3月1日实施。该标准规定了辨识危险化学品重大危险源的依据和方法，适用于危险化学品的生产、储存、使用和经营的生产经营单位。

### （五）《化学品分类和危险性公示　通则》（GB 13690—2009）

本标准由中华人民共和国国家质量监督检验检疫总局、中国国家标准化管理委员于2009年6月21日发布，于2010年5月1日实施。本标准对常用危险化学品按其主要危险特性进行了分类，并规定了危险化学品的包装标志。在附录部分列出常用危险化学品分类明细表，表中给出每种危险化学品的品名、别名、英文名、分子式、主要危险性类别、次要危险性类别、危险特性及危险标志。本标准适用于常用危险化学品的分类及包装标志，本标准适用于其他化学品的分类及包装标志。

### （六）《危险化学品储罐区作业安全通则》（AQ 3018—2008）

本标准由国家安全生产监督管理总局于2008年11月19日发布，于2009年1月1

日实施。本标准规定了危险化学品储罐区作业安全的基本要求，适用于危险化学品储罐区内的作业，不适用于与装置一同布置的中间罐区、加装防爆材料储罐区、覆土罐区和洞罐区。

### （七）《化学品生产单位吊装作业安全规范》（AQ 3021—2008）

本标准由国家安全生产监督管理总局于2008年11月19日发布，于2009年1月1日实施。本标准规定了化学品生产单位吊装作业分级、作业安全管理基本要求、作业前的安全检查、作业中安全措施、操作人员应遵守的规定、作业完毕作业人员应做的工作和吊装安全作业证的管理，适用于化学品生产单位的检维修吊装作业。

### （八）《化学品生产单位动火作业安全规范》（AQ 3022—2008）

本标准由国家安全生产监督管理总局于2008年11月19日发布，于2009年1月1日实施。本标准规定了化学品生产单位动火作业分级、动火作业安全防火要求、动火分析及合格标准、职责要求及动火安全作业证的管理，适用于化学品生产单位禁火区的动火作业，不适用于化学品生产单位的固定动火区作业和固定用火作业。

### （九）《化学品生产单位设备检修作业安全规范》（AQ 3026—2008）

本标准由国家安全生产监督管理总局于2008年11月19日发布，于2009年1月1日实施。本标准规定了化学品生产单位设备检修前的安全要求、检修作业中的安全要求及检修结束后的安全要求，适用于化学品生产单位的设备大、中、小修与抢修作业。

### （十）《危险化学品从业单位安全标准化通用规范》（AQ 3013—2008）

本标准由国家安全生产监督管理总局于2008年11月19日发布，于2009年1月1日实施。本标准规定了危险化学品从业单位开展安全标准化的总体原则、过程和要求。

安全标准化的建设，应当以危险、有害因素辨识和风险评价为基础，树立任何事故都是可以预防的理念，与企业其他方面的管理有机地结合起来，注重科学性、规范性和系统性。安全标准化的实施，应体现全员、全过程、全方位、全天候的安全监督管理原则，通过有效方式实现信息的交流和沟通，不断提高安全意识和安全管理水平。安全标准化采取企业自主管理，安全标准化考核机构考评、政府安全生产监督管理部门监督的管理模式，持续改进企业的安全绩效，实现安全生产长效机制。

### （十一）风险分级管控和隐患排查治理双重预防机制 ※

2016年10月9日，国务院安委会办公室下发《关于实施遏制重特大事故工作指南构建双重预防机制的意见》（安委办〔2016〕11号，以下简称《意见》），要求各地区、各有关部门和单位要将构建双重预防机制（风险分级管控和隐患排查治理）摆上重要议程、日程，切实加强组织领导，周密安排部署。要紧紧围绕遏制重特大事故，突出重点地区、重点企业、重点环节和重要岗位，抓住辨识管控重大风险、排查治理重大隐患两个关键，不断完善工作机制，深化安全专项整治，推动各项标准、制度和措施落实到位。

《意见》强调，企业要对辨识出的安全风险进行分类梳理，对不同类别的安全风险，采用相应的风险评估方法确定安全风险等级，安全风险评估过程要突出遏制重特大事故，高度关注暴露人群，聚焦危险化学品重大危险源、劳动密集型场所、高危作业工序和受影响的人群规模，重大安全风险应填写清单、汇总造册，并从组织、制度、技术、应急等方面对安全风险进行有效管控，要在醒目位置和重点区域分别设置安全风险公告栏，制做安全风险告知卡。

# 第二章　危险化学品安全基础知识

★ 掌握危险化学品分类与特性相关知识。

★ 掌握危险化学品的标志、安全标签及安全技术说明书等内容。

★ 了解油田存在的危险化学品及重点危险化学品的防范措施。

★ 掌握“两重点一重大”内容。

## 第一节　危险化学品的分类与特性 ※

### 一、危险化学品的概念 ※

《危险化学品安全管理条例》第三条规定：本条例所称危险化学品，是指具有毒害、腐蚀、爆炸、燃烧、助燃等性质，对人体、设施、环境具有危害的剧毒化学品和其他化学品。

### 二、危险化学品的分类

危险化学品品种繁多、性质各异、大小不一，而且一种危险化学品常常具有多重危险性。例如，一氧化碳既有易燃性又有毒害性。但是，每一种危险化学品，在其多重危险性中必有一种是主要的，也就是对人类危害最大的危险性。因此，在对危险化学品分类时，应遵循“择重归类”的原则，即根据该危险化学品的主要危险性来进行分类。

由于化学品在各国经济发展中的作用非常重要，致使化学品在国际贸易中的比例非常大。随着经济全球一体化的发展，化学品的国际贸易也迅速发展。各国对化学品的分类和标志不完全一致，给国际贸易带来了障碍，这一问题引起许多国家和国际组织的关注。于是出现了化学品分类与标签全球协调系统〔Globally Harmonized System of Classification and Labelling of Chemicals（GHS）〕，简称化学品全球协调系统。

#### （一）按物理危险和健康及环境危害分类

GHS 按化学品的物理危险、健康危害、环境危害三个方面把化学品分为 28 类，2015

年国家安全生产监督管理总局等十部委参考 GHS 分类标准联合发布了新的《危险化学品目录》(2015 年版),2015 年 5 月 1 日起实施,明确列出危险化学品 28 类 2828 种,见表 2–1。

**表 2–1 《危险化学品目录》(2015 年版)中危险化学品分类**

| 序号 | 危害特性 | 危险化学品种类 |
| --- | --- | --- |
| 1 | 物理化学危害(共 16 类) | 爆炸物、易燃气体、气溶胶、氧化性气体、加压气体、易燃液体、易燃固体、自反应物质和混合物、自燃液体、自燃固体、自热物质和混合物、遇水放出易燃气体的物质和混合物、氧化性液体、氧化性固体、有机过氧化物、金属腐蚀物 |
| 2 | 健康危害(共 10 类) | 急性毒性、皮肤腐蚀 / 刺激、严重眼损伤 / 眼刺激、呼吸道或皮肤致敏、生殖细胞致突变性、致癌性、生殖毒性、特异性靶器官毒性——次接触、特异性靶器官毒性—反复接触、吸入危害 |
| 3 | 环境危害(共 2 类) | 危害水生环境、危害臭氧层 |

### (二)根据运输的危险性对危险货物分类

《危险货物分类和品名编号》(GB 6944—2012)根据运输的危险性将危险货物分为 9 类,并规定了危险货物的品名和编号。按危险货物具有的危险性或最主要的危险性分为 9 个类别。

(1)第 1 类:爆炸品。

(2)第 2 类:气体。

(3)第 3 类:易燃液体。

(4)第 4 类:易燃固体、易于自燃的物质、遇水放出易燃气体的物质。

(5)第 5 类:氧化性物质和有机过氧化物。

(6)第 6 类:毒性物质和感染性物质。

(7)第 7 类:放射性物质。

(8)第 8 类:腐蚀性物质。

(9)第 9 类:杂项危险物质和物品,包括危害环境物质。

## 三、油田危险化学品介绍 ※

### (一)危险化学品 ※

依照《危险化学品目录》(2015 年版),按物理危险和健康及环境危害分类,油田共存在危险化学品 156 种,其中主要产品 8 种,生产使用 61 种,实验室用 124 种,易制爆化学品 17 种,易制毒化学品 8 种,无剧毒化学品。油田危险化学品统计见表 2–2 和表 2–3。

**表 2–2　油田危险化学品统计（产品及中间产品）**

| 序号 | 名称（品名） | 危险性类别 |
| --- | --- | --- |
| 1 | 石油原油 | 易燃液体—2 |
| 2 | 天然气（富含甲烷的） | 易燃气体—1，加压气体—压缩气体 |
| 3 | 液化石油气 | 易燃气体—1，加压气体—液化气体，生殖细胞突变性—1B |
| 4 | 稳定轻烃 | 易燃液体—2 |
| 5 | 氨 | 易燃气体—2，加压气体—压缩气体，皮肤腐蚀 / 刺激—1B，严重眼睛损伤 / 眼睛刺激性—1，对水环境的危害—急性 1，急性毒性—吸入—3 |
| 6 | 氮（压缩的） | 加压气体—压缩气体 |
| 7 | 氧（压缩的） | 氧化性气体—1，加压气体—压缩气体 |
| 8 | 硫黄 | 易燃固体—2 |

**表 2–3　油田危险化学品统计（年使用量 100t 以上）**

| 序号 | 名称 | 危险性类别 | 使用用途 |
| --- | --- | --- | --- |
| 1 | 苯酚 | 急性毒性—经口，类别 3；<br>急性毒性—经皮，类别 3；<br>急性毒性—吸入，类别 3；<br>皮肤腐蚀 / 刺激，类别 1B；<br>严重眼损伤 / 眼刺激，类别 1；<br>生殖细胞致突变性，类别 2；<br>特异性靶器官毒性—反复接触，类别 2；<br>危害水生环境—急性危害，类别 2；<br>危害水生环境—长期危害，类别 2 | 合成磺甲基酚醛树脂 |
| 2 | 盐酸 | 皮肤腐蚀 / 刺激，类别 1B；<br>严重眼损伤 / 眼刺激，类别 1；<br>特异性靶器官毒性——次接触，类别 3（呼吸道刺激）；<br>危害水生环境—急性危害，类别 2 | 混床再生<br>调节水质 |
| 3 | 硫酸 | 皮肤腐蚀 / 刺激，类别 1A；<br>严重眼损伤 / 眼刺激，类别 1 | 循环水调节 pH 值<br>调节水质 |
| 4 | 甲醇 | 易燃液体，类别 2；<br>急性毒性—经口，类别 3；<br>急性毒性—经皮，类别 3；<br>急性毒性—吸入，类别 3；<br>特异性靶器官毒性——次接触，类别 1 | 解冻、防冻<br>生产破乳剂、水处理剂 |
| 5 | 氢氧化钠 | 皮肤腐蚀 / 刺激，类别 1A；<br>严重眼损伤 / 眼刺激，类别 1 | 污水处理<br>调节水质，酸碱中和，脱硫 |

续表

| 序号 | 名称 | 危险性类别 | 使用用途 |
|---|---|---|---|
| 5 | 氢氧化钠 | 皮肤腐蚀 / 刺激，类别 1A；<br>严重眼损伤 / 眼刺激，类别 1 | 合成磺甲基酚醛树脂 |
| | | | 混床再生 / 生化池增加碱度 |
| 6 | 甲醛溶液 | 急性毒性—经口，类别 3；<br>急性毒性—经皮，类别 3；<br>急性毒性—吸入，类别 3；<br>皮肤腐蚀 / 刺激，类别 1B；<br>严重眼损伤 / 眼刺激，类别 1；<br>皮肤致敏物，类别 1；<br>生殖细胞致突变性，类别 2；<br>致癌性，类别 1A；<br>特异性靶器官毒——一次接触，类别 3（呼吸道刺激）；<br>危害水生环境—急性危害，类别 2 | 增加尿素粒子强度 |
| | | | 合成磺甲基酚醛树脂 |

### （二）易制爆危险化学品

依据公安部公布的《易制爆危险化学品名录》（2017 年版），油田涉及的易制爆危险化学品主要包括硝酸、硝酸银、硝酸钡、硝酸钾、硝酸钠、二硝基苯酚、高锰酸钾、高氯酸钠、高氯酸、氯酸钾、过氧化氢、硼氢化钾、重铬酸钾、重铬酸铵、六亚甲基四胺、锌粉、硫黄等 17 种，主要为实验室用。

### （三）易制毒化学品

依据国务院公布的《易制毒化学品管理条例》中的易制毒化学品目录，油田涉及的此类化学品主要包括三氯甲烷、乙醚、溴素、甲苯、丙酮、高锰酸钾、硫酸、盐酸等 8 种，主要为实验室用。

## 四、“两重点一重大”介绍

“两重点一重大”是国家安全生产监督管理总局公布的《重点监管的危险化学品名录》（安监总管三〔2011〕95 号及安监总管三〔2013〕12 号）、《重点监管的危险化工工艺目录》（安监总管三〔2009〕116 号及安监总管三〔2013〕3 号发布）和《危险化学品重大危险源监督管理暂行规定》（国家安全生产监督管理总局令第 40 号）的简称，即重点监管的危险化学品、危险化工工艺和危险化学品重大危险源，简称“两重点一重大”。

### （一）重点监管的危险化工工艺

2009 年国家安全生产监督管理总局公布了《关于公布首批重点监管的危险化工工艺目录的通知》（安监总管三〔2009〕116 号）、《首批重点监管的危险化工工艺安全控制要求、重点监控参数及推荐的控制方案》（安监总管三〔2009〕116 号），确定了危险工艺重点监控的工艺参数，需装备的自动控制系统，大型和高度危险工艺装置应装备的紧急停车系统，并要求危险化学品生产企业在2010年底前完成所有采用危险化工工艺的生产装置自动化改造工作。2013年国家安全生产监督管理总局公布了第二批重点监管危险化工工艺目录。

1. 首批重点监管的危险化工工艺目录

光气及光气化工艺，电解工艺（氯碱），氯化工艺，硝化工艺，合成氨工艺，裂解（裂化）工艺，氟化工艺，加氢工艺，重氮化工艺，氧化工艺，过氧化工艺，胺基化工艺，磺化工艺，聚合工艺，烷基化工艺。

2. 第二批重点监管的危险化工工艺目录

新型煤化工工艺，包括煤制油（甲醇制汽油、费—托合成油）、煤制烯烃（甲醇制烯烃）、煤制二甲醚、煤制乙二醇（合成气制乙二醇）、煤制甲烷气（煤气甲烷化）、煤制甲醇、甲醇制醋酸等工艺，电石生产工艺，偶氮化工艺。

※ 油田目前存在的重点监管的危险化学品工艺有合成氨工艺，具体工艺介绍见第本书第四章第四节。

### （二）重点监管危险化学品

2011年6月21日国家安全生产监督管理总局公布了《首批重点监管的危险化学品名录》（安监总管三〔2011〕95号及安监总管三〔2013〕12号），2011年7月1日又公布了《首批重点监管的危险化学品安全措施和应急处置原则》（安监总管三〔2011〕142号，以下简称《措施和原则》），确定了60种重点监管的危险化学品，并从特别警示、理化特性、危害信息、安全措施、应急处置原则等五个方面，对重点监管的危险化学品逐一提出了安全措施和应急处置原则。要求重点监管的危险化学品相关企业落实《措施和原则》提出的各项安全措施，并按照处置原则的要求完善事故应急预案，提高防范危险化学品事故的能力和应急处置能力。2013年2月5日国家安全生产监督管理总局公布第二批重点监管危险化学品名录，共14种。

按照重点监管的危险化学品名录，油田涉及的重点监管的危险化学品有11种，见表2–4。

**表2–4 油田涉及的重点监管的危险化学品名录**

| 序号 | 名称（品名） | 危险性类别 | 用途 |
|---|---|---|---|
| 1 | 氨 | 易燃气体，类别2；<br>加压气体；<br>急性毒性—吸入，类别3；<br>皮肤腐蚀/刺激，类别1B；<br>严重眼损伤/眼刺激，类别1；<br>危害水生环境—急性危害，类别1 | 生产尿素<br>尿素生产原料<br>制冷 |
| 2 | 氢气 | 易燃气体，类别1；<br>加压气体 | 色谱仪载气 |

续表

<table>
<tr><th>序号</th><th>名称（品名）</th><th>危险性类别</th><th>用途</th></tr>
<tr><td rowspan="2">3</td><td rowspan="2">一氧化碳</td><td rowspan="2">易燃气体，类别 1；<br>加压气体；<br>急性毒性—吸入，类别 3；<br>生殖毒性，类别 1A；<br>特异性靶器官毒性—反复接触，类别 1</td><td>工艺产生</td></tr>
<tr><td>在线分析仪试剂</td></tr>
<tr><td rowspan="4">4</td><td rowspan="4">甲醇</td><td rowspan="4">易燃气体，类别 2；<br>加压气体；<br>急性毒性—吸入，类别 3；<br>皮肤腐蚀 / 刺激，类别 1B；<br>严重眼损伤 / 眼刺激，类别 1；<br>危害水生环境—急性危害，类别 1</td><td>解冻、防冻</td></tr>
<tr><td>生化池增加碳源</td></tr>
<tr><td>生产破乳剂、水处理剂</td></tr>
<tr><td>实验检测分析</td></tr>
<tr><td>5</td><td>乙炔</td><td>易燃气体，类别 1；<br>化学不稳定性气体，类别 A；<br>加压气体</td><td>燃料，切割</td></tr>
<tr><td>6</td><td>苯</td><td>易燃液体，类别 2；<br>皮肤腐蚀 / 刺激，类别 2；<br>严重眼损伤 / 眼刺激，类别 2；<br>生殖细胞致突变性，类别 1B；<br>致癌性，类别 1A；<br>特异性靶器官毒性—反复接触，类别 1；<br>吸入危害，类别 1；<br>危害水生环境—急性危害，类别 2；<br>危害水生环境—长期危害，类别 3</td><td>实验检测分析</td></tr>
<tr><td>7</td><td>甲苯</td><td>易燃液体，类别 2；<br>皮肤腐蚀 / 刺激，类别 2；<br>生殖毒性，类别 2；<br>特异性靶器官毒性——次接触，类别 3（麻醉效应）；<br>特异性靶器官毒性—反复接触，类别 2；<br>吸入危害，类别 1；<br>危害水生环境—急性危害，类别 2；<br>危害水生环境—长期危害，类别 3</td><td>化验</td></tr>
<tr><td rowspan="2">8</td><td rowspan="2">苯酚</td><td rowspan="2">急性毒性—经口，类别 3；<br>急性毒性—经皮，类别 3；<br>急性毒性—吸入，类别 3；<br>皮肤腐蚀 / 刺激，类别 1B；<br>严重眼损伤 / 眼刺激，类别 1；<br>生殖细胞致突变性，类别 2；<br>特异性靶器官毒性—反复接触，类别 2；<br>危害水生环境—急性危害，类别 2；<br>危害水生环境—长期危害，类别 2</td><td>合成磺甲基酚醛树脂</td></tr>
<tr><td>实验检测分析</td></tr>
<tr><td>9</td><td>液化石油气</td><td>易燃气体—1，加压气体—液化气体，生殖细胞突变性—1B</td><td rowspan="3">产品</td></tr>
<tr><td>10</td><td>天然气（富含甲烷的）</td><td>易燃气体—1，加压气体—压缩气体</td></tr>
<tr><td>11</td><td>石油原油</td><td>易燃液体—2</td></tr>
</table>

### （三）危险化学品重大危险源的管理

2011 年 7 月 22 日国家安全生产监督管理总局局长办公会议审议通过新制定的《危险化学品重大危险源监督管理暂行规定》，并于 2011 年 8 月 5 日以国家安全监管总局令第 40 号的形式公布，自 2011 年 12 月 1 日起施行。重点对从事危险化学品生产、储存、使用和经营的单位的危险化学品重大危险源的辨识、评估、登记建档、备案、核销及其监督管理做出具体规定。

※ 按照 2019 年油田危险化学品重大危险源评估报告，油田共存在重大危险源 48 处，具体见本书第三章第四节。

# 第二节　危险化学品安全标志、安全标签及安全技术说明书

## 一、危险化学品的安全标志

（1）标志种类。根据常用危险化学品的危险特性和类别，它们的标志设主标志 16 种和副标志 11 种。

（2）标志的图形。主标志由表示危险特性的图案、文字说明、底色和危险品类别号四个部分组成的菱形标志。副标志图形中没有危险品类别号。

（3）标志的使用原则。当一种危险化学品具有一种以上的危险性时，应用主标志（图 2–1）表示主要的危险性类别，并用副标志（图 2–2）来表示其他主要的危险性类别。

## 二、危险化学品安全标签

### （一）危险化学品安全标签含义

危险化学品安全标签是指危险化学品在市场上流通时由生产销售单位提供的附在化学品包装上的标签，是向作业人员传递安全信息的一种载体，它用简单、易于理解的文字和图形表述有关危险化学品的危险特性及其安全处置的注意事项，警示作业人员进行安全操作和处置。《化学品安全标签编写规定》（GB 15258）和新制定的《化学品分类和标签规范》系列（GB 30000.2～GB 30000.29）规定，化学品安全标签应包括产品标志符、象形图、信号词、危险说明、防范说明、供应商标识、应急咨询电话、资料参阅提示语、危险信息先后顺序等内容。

底色：橙红色
图形：正在爆炸的炸弹（黑色）
文字：黑色

（a）标志1　爆炸品标志

底色：正红色
图形：火焰（黑色或白色）
文字：黑色或白色

（b）标志2　易燃气体标志

底色：绿色
图形：气瓶（黑色或白色）
文字：黑色或白色

（c）标志3 不燃气体标志

底色：白色
图形：骷髅头和交叉骨形（黑色）
文字：黑色

（d）标志4 有毒气体标志

底色：红色
图形：火焰（黑色或白色）
文字：黑色或白色

（e）标志5 易燃液体标志

底色：红白相间的垂直宽条（红7、白6）
图形：火焰（黑色）
文字：黑色

（f）标志6 易燃固体标志

图 2–1　我国危险化学品的主安全标志

底色：上半部白色
图形：火焰（黑色或白色）
文字：黑色或白色

(g) 标志7 自燃物品标志

底色：蓝色
图形：火焰（黑色）
文字：黑色

(h) 标志8 遇湿易燃物品标志

底色：柠檬黄色
图形：从圆圈中冒出的火焰（黑色）
文字：黑色

(i) 标志9 氧化剂标志

底色：柠檬黄色
图形：从圆圈中冒出的火焰（黑色）
文字：黑色

(j) 标志10 有机过氧化物标志

底色：白色
图形：骷髅头和交叉骨形（黑色）
文字：黑色

(k) 标志11 有毒品标志

底色：白色
图形：骷髅头和交叉骨形（黑色）
文字：黑色

(l) 标志12 剧毒品标志

图 2-1　我国危险化学品的主安全标志（续）

底色：上半部黄色，下半部白色
图形：上半部三叶形（黑色），下半部一条垂直的红色宽条
文字：黑色

（m）标志13　一级放射性物品标志

底色：上半部黄色，下半部白色
图形：上半部三叶形（黑色），下半部两条垂直的红色宽条
文字：黑色

（n）标志14　二级放射性物品标志

底色：上半部黄色，下半部白色
图形：上半部三叶形（黑色），下半部三条垂直的红色宽条
文字：黑色

（o）标志15　三级放射性物品标志

底色：上半部白色，下半部黑色
图形：上半部两个试管中液体分别向金属板和手上滴落（黑色）
文字：白色（下半部）

（p）标志16　腐蚀品标志

图 2–1　我国危险化学品的主安全标志（续）

### （二）安全标签的样式及基本内容

《化学品安全标签编写规定》（GB 15258）和《化学品分类和标签规范》GB 30000.2～GB 30000.29 系列规定了化学品安全标签的内容、格式和制作等事项，具体内容如下：

（1）产品标志符：标签上应使用产品标志符，且应与安全数据单上使用的产品标志符相一致。标签应包括物质的化学名称。

（2）象形图：采用《化学品分类和标签规范》GB 30000.2～GB 30000.29 系列规定的象形图。

（3）信号词：用来表明危险的相对严重程度和提醒作业人员注意潜在危险的单词。根据《化学品分类和标签规范》GB 30000.2～GB 30000.29，选择不同类别危险化学品的信号词。

底色：橙红色
图形：正在爆炸的炸弹（黑色）
文字：黑色

(a) 标志17 爆炸品标志

底色：红色
图形：火焰（黑色）
文字：黑色或白色

(b) 标志18 易燃气体标志

底色：绿色
图形：气瓶（黑色或白色）
文字：黑色

(c) 标志19 不燃气体标志

底色：白色
图形：骷髅头和交叉骨形（黑色）
文字：黑色

(d) 标志20 有毒气体标志

底色：红色
图形：火焰（黑色）
文字：黑色

(e) 标志21 易燃液体标志

底色：红白相间的垂直宽条（红7、白6）
图形：火焰（黑色）
文字：黑色

(f) 标志22 易燃固体标志

图 2–2　我国危险化学品的副安全标志

底色：上半部白色，下半部红色
图形：火焰（黑色）
文字：黑色或白色

（g）标志23 自燃物品标志

底色：蓝色
图形：火焰（黑色）
文字：黑色

（h）标志24 遇湿易燃物品标志

底色：柠檬黄色
图形：从圆圈中冒出的火焰（黑色）
文字：黑色

（i）标志25 氧化剂标志

底色：白色
图形：骷髅头和交叉骨形（黑色）
文字：黑色

（j）标志26 有毒品标志

底色：上半部白色，下半部黑色
图形：上半部两个试管中液体分别向
金属板和手上滴落（黑色）
文字：（下半部）白色

（k）标志27 腐蚀品标志

图 2–2　我国危险化学品的副安全标志（续）

（4）危险说明：简要概述化学品的危险特性。根据《化学品分类和标签规范》GB 30000.2～GB 30000.29，选择不同类别危险化学品的危险说明。

（5）防范说明：表述化学品在一般、预防、应急、贮存和处置状况下建议采取的措施，是一个词语（和/或象形图）。

（6）供应商标识：供应商名称、地址、邮编和电话等。

（7）应急咨询电话：填写化学品生产商或生产商委托的24h化学事故应急咨询电话。

（8）资料参阅提示语：提示化学品用户应参阅化学品安全技术说明书。

危险化学品安全标签的示例如图2-3所示。

天然气
natural gas

（甲烷）

危　险

易燃气体。与空气混合能形成爆炸性混合物。

【预防措施】：

- 远离火种，热源。
- 密闭操作，生产储运过程防止泄漏。
- 操作、储运过程防止静电危害。
- 作业人员要穿戴符合要求的个体防护用品。

【事故响应】：

- 皮肤接触：如果发生冻伤，将患部浸泡于保持在38~42℃的温水中复温，不要涂擦，不要使用热水或辐射热。使用清洁、干燥的敷料包扎。如有不适感，就医。
- 眼睛接触：不会通过该途径接触。
- 吸　　入：迅速脱离现场至空气新鲜处，保持呼吸道通畅。如呼吸困难，进行输氧。呼吸、心跳停止，立即进行心肺复苏术，就医。
- 食　　入：不会通过该途径接触。
- 用雾状水、泡沫、二氧化碳、干粉灭火。切断气源；若不能切断气源，则不允许熄灭泄漏处的火焰。消防人员必须佩戴空气呼吸器、穿全身防火防毒服，在上风向灭火。尽可能将容器从火场移至空旷处。喷水保持火场容器冷却，直至灭火结束。

【安全储存】：

- 储存远离火种、热源。
- 应与氧化剂分开存放，切忌混储。
- 采用防爆型照明、通风设施。
- 禁止使用易产生火花的机械设备和工具。

【废弃处置】：

- 用焚烧法处置。

请参阅化学品安全技术说明书

供应商：中国石油天然气股份有限公司塔里木油田分公司　　电话：0996-×××××××

地　址：新疆维吾尔自治区库尔勒市石化大道26号　　邮编：841000

化学事故应急咨询电话：0996-×××××××

图2-3　危险化学品安全标签示例图

## 三、化学品安全技术说明书

化学品安全技术说明书的缩略语为SDS（油田普遍编制为MSDS），是《工作场所安全使用化学品规定》（劳部发〔1996〕423号）所要求的，是一份关于化学品燃、爆、毒性和生态危害及安全使用、泄漏应急处置、主要理化参数、法律法规等方面信息的综合性文件。作为为用户提供的一种服务，生产企业应随化学商品向用户提供化学品安全技术说明书，使用户了解化学品的有关危害，使用时能主动进行防护，起到减少职业危害和预防化学事故的作用。

SDS 和 MSDS 区别：

（1）SDS 是 Safety Data Sheet 的首字母缩写，即安全数据表 / 安全说明书，主要有 16 部分内容：化学品及企业信息、成分 / 组成信息、危险性概述、急救措施、消防措施、泄漏应急处理、操作处置与储存、接触控制和个体防护、理化特性、稳定性和反应性、毒理学信息、生态学信息、废弃处置措施、运输信息、法规信息及其他信息。

（2）MSDS 是 Material Safety Data Sheet 的首字母缩写，即物质安全数据表 / 物质安全说明书，目前大部分使用的是 16 项格式的 MSDS，内容标题同 SDS 相同。关于 MSDS 制定的标准有很多，主要有 GHS，ANSI，ISO，OSHA，WHMIS 制定的标准。

SDS 与 MSDS 两种缩写在供应链上所起的作用完全一致，很多相同点，例如：

（1）针对危险品，都必须提供。

（2）在内容框架上大致相同。

（3）都必须根据法律法规的更新或产品变化，对 MSDS 或 SDS 进行及时更新。

（4）都为了能更全面了解产品，为安全使用或操作提供了基本信息。

### （一）安全技术说明书的主要目的

安全技术说明书作为最基础的技术文件，主要用途是传递安全信息。其作用主要体现在：

（1）是作业人员安全使用化学品的指导性文件。

（2）为化学品生产、处置、储存和使用各环节制订安全操作规程提供技术信息。

（3）为危害控制和预防措施设计提供技术依据。

（4）是企业安全教育的主要内容。

### （二）安全技术说明书编制的责任

生产企业既是化学品的生产商，又是化学品使用的主要用户，对安全技术说明书的编写和供给负有最基本的责任。生产企业必须按照国家法规填写符合规定要求的安全技术说明书，全面翔实地向用户提供有关化学品的本企业产品的安全技术说明书、安全卫生信息，并确保接触化学品的作业人员能方便地查阅，还应负责更新本企业产品的安全技术说明书。

使用单位作为化学品使用的用户，应向供应商索取全套的、最新的化学品安全技术说明书，并评审从供应商处索取的安全技术说明书，针对本企业的应用情况和掌握的信息，补充新的内容，确保接触化学品的作业人员能方便地查阅。

经营、销售企业所经销的化学品必须附带安全技术说明。运输部门对无安全技术说明书的化学品一律不予承运。

## （三）化学品安全技术说明书的内容

化学品安全技术说明书（SDS）包括以下 16 部分内容：

（1）化学品及企业信息。主要标明化学品名称、生产企业名称、地址、邮编、电话、应急电话、传真等信息。

（2）成分 / 组成信息。标明该化学品是纯化学品还是混合物。纯化学品，应给出其化学品名称或商品名和通用名。混合物，应给出危害性组分的浓度或浓度范围。无论是纯化学品还是混合物，如果其中包含有害性成分，则应给出化学文摘索引登记号（CAS）。

（3）危险性概述。简要概述本化学品最重要的危害和效应，主要包括危险类别、侵入途径、健康危害、环境危害、燃爆危险等信息。

（4）急救措施。指作业人员意外受到伤害时，需采取的现场自救或互救的简要的处理方法，包括眼睛接触、皮肤接触、吸入、食入的急救措施。

（5）消防措施。主要标志化学品的物理和化学特殊危险性，合适灭火介质，不合适的灭火介质及消防人员个体防护等方面的信息，包括危险特性、灭火介质和方法、灭火注意事项等。

（6）泄漏应急处理。指化学品泄漏后现场可采用的简单有效的应急措施、注意事项和消除方法，包括应急行动、应急人员防护、环保措施、消除方法等内容。

（7）操作处置与储存。主要是指化学品操作处置和安全储存方面的信息资料，包括操作处置作业中的安全注意事项、安全储存条件和注意事项。

（8）接触控制和个体防护。在生产、操作处置、搬运和使用化学品的作业过程中，为保护作业人员免受化学品危害而采取的防护方法和手段。包括最高容许浓度、工程控制、呼吸系统防护、眼睛防护、身体防护、手防护、其他防护要求。

（9）理化特性。主要描述化学品的外观及理化性质等方面的信息，包括外观与性状、pH 值、沸点、熔点、相对密度（水为 1）、相对蒸气密度（空气为 1）、饱和蒸气压、燃烧热、临界温度、临界压力、辛醇—水分配系数、闪点、引燃温度、爆炸极限、溶解性、主要用途和其他一些特殊理化性质。

（10）稳定性和反应性。主要叙述化学品的稳定性和反应活性方面的信息，包括稳定性、禁配物、应避免接触的条件、聚合危害、分解产物。

（11）毒理学信息。提供化学品的毒理学信息，包括不同接触方式的急性毒性、刺激性、致敏性、亚急性和慢性毒性、致突变性、致畸性、致癌性等。

（12）生态学信息。主要陈述化学品的环境生态效应、行为和转归，包括生产效应、生物降解性、生物富集、环境迁移及其他有害的环境影响等。

（13）废弃处置措施。是指对被化学品污染的包装和无使用价值的化学品的安全处理方法，包括废弃处置方法和注意事项。

（14）运输信息。主要是指国内、国际化学品包装、运输的要求及运输的分类和编号，包括危险货物编号、包装标志、包装方法、UN 编号及运输注意事项等。

（15）法规信息。主要是化学品管理方面的法律条款和标准。

（16）其他信息。主要提供其他有重要意义的信息，包括参考文献、填表时间、填表部门、数据审核单位等。

危险化学品安全技术说明书结构介绍图如图 2-4 所示。

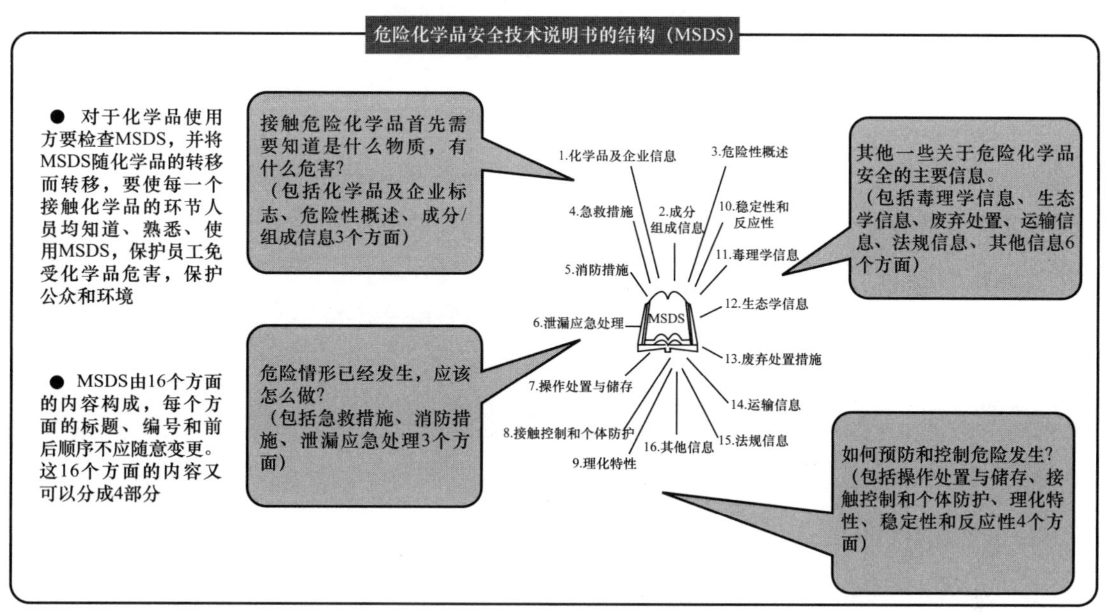


图 2-4 危险化学品安全技术说明书结构介绍图

## （四）编写和使用要求

### 1. 编写要求

安全技术说明书规定的 16 大项内容在编写时不能随意删除或合并，其顺序不可随意变更。

安全技术说明书的正文应采用简捷、明了、通俗易懂的规范汉字表述。数字资料要准确可靠、系统全面。

安全技术说明书的内容，从该化学品的制作之日算起，每 3 年更新 1 次，若发现新的危害性，在有关信息发布后的半年内，生产企业必须对安全技术说明书的内容进行修订。

安全技术说明书采用“一个品种一卡”的方式编写，同类物、同系物的技术说明书不能互相替代；混合物要填写有害性组分及其含量范围。所填数据应是可靠和有依据的。一种化学品具有一种以上的危害性时，要综合表述其主、次危害性及急救、防护措施。

2. 使用要求

安全技术说明书由化学品的生产供应企业编印，在交付商品时提供给用户，作为为用户提供的一种服务随商品在市场上流通。化学品的用户在接收使用化学品时，要认真阅读技术说明书，了解和掌握化学品的危险性，并根据使用的情形制订安全操作规程，选用合适的防护器具，培训作业人员。

# 第三章　危险化学品安全管理

★ 了解危险化学品安全生产特点。

★ 熟悉危险化学品生产单位主要安全管理制度。

★ 掌握危险化学品储存、运输、包装及登记的安全要求。

★ 了解废弃危险化学品的处置知识及油田存在的主要危险化学品废弃物。

★ 掌握危险化学品生产单位安全标准化管理的相关知识。

★ 了解油田隐患排查治理现状。

★ 掌握油田存在的危险化学品重大危险源及危险化学品重大危险源的辨识方法。

★ 掌握油田 QHSE 制度体系及油田危险化学品管理的相关制度要求。

## 第一节　危险化学品生产单位主要安全管理制度 ※

### 一、企业应建立的安全制度 ※

根据《中华人民共和国安全生产法》《中华人民共和国环境保护法》《用人单位职业健康监护监督管理办法》《企业安全生产费用提取和使用管理办法》《关于危险化学品企业贯彻落实〈国务院关于进一步加强企业安全生产工作的通知〉的实施意见》(安监总管三〔2010〕186号),企业应建立至少包含以下28项内容的安全生产规章制度:

(1)安全生产责任制。

(2)环境保护责任制度。

(3)职业健康监护制度。

(4)安全费用管理制度。

(5)安全生产例会制度。

(6)工艺管理制度。

(7)开停车管理制度。

（8）设备管理制度。

（9）电气管理制度。

（10）公用工程管理制度。

（11）施工与检维修安全规程（特别是动火作业、进入受限空间作业、高处作业、起重作业、临时用电作业、破土作业等）。

（12）安全技术措施管理制度。

（13）变更管理制度。

（14）巡回检查管理制度。

（15）安全检查和隐患排查治理管理制度。

（16）干部值班制度。

（17）事故管理制度。

（18）厂区交通安全管理制度。

（19）防火防爆管理制度。

（20）防尘防毒管理制度。

（21）防泄漏管理制度。

（22）危险化学品重大危险源管理制度。

（23）关键装置与重点部位管理制度。

（24）危险化学品安全管理制度。

（25）承包商管理制度。

（26）劳动防护用品管理制度。

（27）安全教育培训制度。

（28）安全生产奖惩制度。

安全生产规章制度、安全操作规程至少每3年评审和修订一次，发生重大变更应及时修订。修订完善后，要及时组织相关管理人员、作业人员培训学习，确保有效贯彻执行。

油田相关安全生产规章制度见本章第六节。

## 二、重点安全制度要求

### （一）安全生产责任制度

安全生产责任制度是生产单位中最为核心的、最基本的一项管理制度，根据“安全生产，人人有责”的原则，“纵向到底，横向到边”，明确单位每个部门、每个从业人员的安全职责。

## （二）安全教育管理制度

安全教育必须贯彻“全员、全面、全过程、全天候”的原则，要有针对性、科学性，做到制度化、经常化、多样化。

1. 危险化学品生产单位主要负责人和安全管理人员的培训考核

按照《中华人民共和国安全生产法》的规定要求，涉及危险品单位的主要负责人和安全生产管理人员（简称“主要负责人”和“安全管理人员”），必须进行安全资格培训，培训包括相关法律法规、安全管理、安全技术理论和实际安全管理技能培训。

2. 职工的安全教育培训

（1）所有新职工（包括所有用工形式职工及实习人员）上岗前必须进行三级（厂级、车间级、班组级）安全教育培训，经考核合格后，方可上岗。

（2）职工调整工作岗位或者离岗 1 年（油田要求关键岗位 6 个月）以上重新上岗时，应进行车间级、班组级安全生产教育培训。

（3）特种作业人员必须接受与本工种相适应的、专门的安全技术培训，经安全理论考核和实际操作技能考核合格，取得特种作业操作证后方可上岗作业。未经培训或者培训不合格者，不得上岗作业。

此外，安全教育制度中还应对外来人员入厂安全教育培训做出规定。

## （三）安全检查管理制度 ※

安全检查管理制度是生产单位安全管理的重要手段之一。要坚持领导与员工相结合、普遍检查与专业检查相结合、检查与整改相结合的原则，做到制度化、常态化。

安全检查的主要内容是查领导、查思想、查制度、查纪律（包括劳动纪律、工艺纪律、工作纪律、施工纪律等）、查管理、查隐患、查整改等。单位安全检查的形式有：综合性安全检查、专业安全性检查、季节性安全检查、日常安全检查、不定期安全检查。

安全检查是手段，消除事故隐患才是目的。无论何种形式的安全检查，都要对查出的事故隐患逐项研究，制订整改方案。做到“三定”（定措施、定负责人、定完成期限）、在制度中要明确检查人员的职责和权利、责、权分明才能保证安全检查顺利进行。

## （四）事故管理制度

为了及时报告、调查处理和统计事故，进一步采取预防措施，防止同类事故再次发生，生产单位必须根据国家有关法律法规并结合本单位实际情况，制定事故管理制度。其主要内容包括：事故分类和性质（严重程度）分级；事故报告；事故调查；事故处理；事故统计分析。

# 第二节　危险化学品储存、运输与包装安全要求

## 一、危险化学品储存的管理要求

### （一）储存场所的地理位置及储存方式、储存设施要求

1. 储存场所的地理位置要求

根据《危险化学品安全管理条例》规定，危险化学品生产装置或者储存数量构成危险化学品重大危险源的危险化学品储存设施（运输工具、加油站、加气站除外），与下列场所、设施、区域的距离应当符合国家有关规定：

（1）居住区及商业中心、公园等人员密集场所。

（2）学校、医院、影剧院、体育场（馆）等公共设施。

（3）饮用水源、水厂及水源保护区。

（4）车站、码头（依法经许可从事危险化学品装卸作业的除外）、机场及通信干线、通信枢纽、铁路线路、道路交通干线、水路交通干线、地铁风亭及地铁站出入口。

（5）基本农田保护区、基本草原、畜禽遗传资源保护区、畜禽规模化养殖场（养殖小区）、渔业水域及种子、种畜禽、水产苗种生产基地。

（6）河流、湖泊、风景名胜区、自然保护区。

（7）军事禁区、军事管理区。

（8）法律、行政法规规定的其他场所、设施、区域。

已建的危险化学品生产装置或者储存数量构成危险化学品重大危险源的危险化学品储存设施不符合上述条款规定的，由所在地设区的市级人民政府安全生产监督管理部门会同有关部门监督其所属单位在规定期限内进行整改；需要转产、停产、搬迁、关闭的，由本级人民政府决定并组织实施。

储存数量构成重大危险源的危险化学品储存设施的选址，应当避开地震活动断层和容易发生洪灾、地质灾害的区域。

2. 储存方式、储存设施的要求

危险化学品必须储存在专用仓库、专用场地或者专用储存室。

剧毒化学品及储存数量构成危险化学品重大危险源的其他危险化学品必须在专用仓库内单独存放。

（1）生产、储存、使用危险化学品的，应当根据危险化学品的种类、特性，在车间、库房等作业场所设置相应的监测、通风、防晒、调温、防火、灭火、防爆、泄压、防毒、

消毒、中和、防潮、防雷、防静电、防腐、防渗漏、防护围堤或者隔离操作等安全设施、设备，并按照国家标准和国家有关规定进行维护、保养，保证符合安全运行要求。

（2）危险化学品仓库应根据经营规模的大小，设置、配备足够的消防设施和器材，应有消防水池、消防管网和消防栓等消防水源设施。大型危险物品仓库应设有专职消防队，并配有消防车。消防器材应当设置在明显和便于取用的地点，周围不准放物品和杂物。仓库的消防设施、器材应当有专人管理，负责检查、保养、更新和添置，确保完好有效。对于各种消防设施、器材严禁圈占、埋压和挪用。

（3）危险化学品仓库应设有避雷设施，防雷装置应当每年检测一次，对爆炸和火灾危险环境场所的防雷装置应当每半年检测一次，使之安全有效。

（4）对于易产生粉尘、蒸气、腐蚀气体的库房，应使用密闭的防护措施，有爆炸危险的库房应当使用防爆型电子设备。剧毒物品的库房还应安装机械通风排毒设备。

（5）危险化学品仓库应当设有消防、治安的通信报警装置。有供报警、联络的通信设备，并保证在任何情况下处于正常使用状态。

（6）生产、储存危险化学品的企业，应当委托具备国家规定资质条件的机构，对本企业的安全生产条件每 3 年进行一次安全评价，提出安全评价报告。安全评价报告的内容应当包括对安全生产条件存在的问题进行整改的方案。

（7）危险化学品专用仓库应当符合国家标准对安全、消防的要求，设置明显标志。危险化学品专用仓库的储存设备和安全设施应当定期检测。

（8）禁忌物品或灭火方法不同的物品不能混存，必须分间、分库储存，并在醒目处标明储存物品的名称、性质和灭火方法。

（9）必须采暖的库房应当采用水暖，其散热器、供暖管道与储存物品之间的距离不小于 0.3m。不得采用蒸汽采暖或机械采暖。

（10）库存物品应当分类、分垛储存，每垛占地面积不宜大于 $100m^2$，垛与垛间距不小于 1m，垛与墙、柱的间距不小 0.5m。主要通道的宽度不于小 2m。

（11）储存有火灾、爆炸性质危险化学品的仓库内，其电气设备和照明灯具要符合《爆炸危险环境电力装置设计规范》（GB 50058）的要求。照明灯具下方不准堆放物品，其垂直下方与储存物水平间距离不得小于 0.5m。库房内不准设置移动式照明灯具。

（12）储存氧化剂、易燃液体、易燃固体和剧毒物品的库房，应是易于冲洗的非燃烧材料的地面。有防止产生火花要求的库房地面，需采用不发生火花的材料。

### （二）危险化学品储存的安全要求

危险化学品必须储存在经省、自治区、直辖市人民政府经济贸易管理部门或者设区的市级人民政府负责危险化学品安全监督管理综合工作的部门审查批准的危险化学品仓库内。未经批准不得随意设置危险化学品储存仓库。《危险化学品安全管理条例》对危险化学品的储存进行了相关规定。

1. 危险化学品储存的基本要求

（1）储存危险化学品必须遵照国家法律、法规和其他有关规定。

（2）危险化学品应当储存在专用仓库、专用场地或者专用储存室（以下统称“专用仓库”）内，并由专人负责管理；剧毒化学品及储存数量构成危险化学品重大危险源的其他危险化学品，应当在专用仓库内单独存放，并实行双人收发、双人保管。

（3）储存危险化学品的单位，应当根据其生产、储存的危险化学品的种类和危险特性，在作业场所设置相应的检测、监控、通风、防晒、调温、防火、灭火、防爆、泄压、防毒、中和、防潮、防雷、防静电、防腐、防泄漏及防护围堤或者隔离操作等安全设施、设备，并按照国家标准、行业标准或国家有关规定对安全设施、设备进行经常性维护、保养，保证安全设施、设备的正常使用。

（4）储存危险化学品的单位，应当在其作业场所和安全设施、设备上设置明显的安全警示标志，标志应符合《建筑设计防火规范》（GB 50016）安全标志的规定。同一区储存两种或两种以上不同级别的危险品时，应以最高等级危险物品的性能做标志。

（5）储存危险化学品的单位，应当在其作业场所设置通信、报警装置，并保证处于适用状态。

（6）储存危险品的仓库必须配备有专业知识的技术人员，其库房及场所应设专人管理；管理人员必须配备可靠的个人防护用品。

2. 储存安排及储存量的限制

（1）危险化学品储存安排取决于危险化学品分类、分项、容器类型、储存方式和消防的要求。

（2）储存安排及储存限量见表 3–1。

**表 3–1　危险化学品储存限量及储存安排**

| 项目 | 储存类别 | | | |
| --- | --- | --- | --- | --- |
| | 露天储存 | 隔离储存 | 隔开储存 | 分离储存 |
| 平均单位面积储存量，$t/m^2$ | 1.0～1.5 | 0.5 | 0.7 | 0.7 |
| 单一储存区最大储量，t | 2000～2400 | 200～300 | 200～300 | 400～600 |
| 垛距限制，m | 2 | 0.3～0.5 | 0.3～0.5 | 0.3～0.5 |
| 通道宽度，m | 4～6 | 1～2 | 1～2 | 5 |
| 墙距宽度，m | 2 | 0.3～0.5 | 0.3～0.5 | 0.3～0.5 |
| 与禁忌品距离，m | 10 | 不得同库储存 | 不得同库储存 | 7～10 |

（3）遇火、遇热、遇潮能引起燃烧、爆炸或发生化学反应，产生有毒气体的危险化学品不得在露天或在潮湿、积水的建筑物中储存。

（4）受日光照射能发生化学反应引起燃烧、爆炸、分解、化合或能产生有毒气体的危险化学品应储存在一级建筑物中。其包装应采取避光措施。

（5）爆炸物品不准和其他类物品同储，必须单独隔离限量储存，仓库不准建在城镇，还应与周围建筑、交通干道、输电线路保持一定安全距离。

（6）压缩气体和液化气体必须与爆炸物品、氧化剂、易燃物品、自燃物品、腐蚀性物品隔离储存。压缩气体和液化气体仓库应阴凉通风，远离热源、火种，防止日光曝晒，严禁受热，库内照明应采用防爆照明灯，库房周围不得堆放任何可燃材料。易燃气体不得与助燃气体、剧毒气体同储；氧气不得与油脂混合储存，盛装液化气体的容器属压力容器的，必须有压力表、安全阀、紧急切断装置，并定期检查，不得超装。

（7）易燃液体、遇湿易燃物品、易燃固体不得与氧化剂混合储存，具有还原性氧化剂应单独存放。

（8）有毒物品应储存在阴凉、通风、干燥的场所，不要露天存放，不要接近酸类物质。

（9）腐蚀性物品包装必须严密，不允许泄漏，严禁与液化气体和其他物品共存。

### （三）危险化学品储存安全操作

储存危险化学品的操作人员，搬进或搬出物品必须按不同商品性质进行操作，在操作过程中应遵守相关规定。

1. 易燃易爆性物品

（1）作业人员应穿工作服、戴手套、口罩等必要的防护用具，操作中轻搬轻放，防止摩擦和撞击。

（2）各种操作不得使用能产生火花的工具，作业现场应远离热球与火源。

（3）操作易燃液体需穿防静电工作服，禁止穿带钉鞋，大桶不得直接在水泥地面滚动。

（4）桶装各种氧化剂不得在水泥地面滚动。

（5）库房内不准分装、改装、开箱、开桶，验收和质量检查等须在库房外进行。

2. 腐蚀性物品

（1）操作人员必须穿工作服，戴护目镜、胶皮手套、胶皮围裙等必要的防护用具。

（2）操作时必须轻搬轻放，严禁背负肩扛，防止摩擦振动和撞击。

（3）不能使用沾染异物和能产生火花的机具，作业现场远离热源和火源。

（4）分装、改装、开箱质量检查等在库房外进行。

3. 毒害性物品

（1）装卸人员应具有操作有毒物品的一般知识，操作时轻拿轻放，不得碰撞、倒置，防止包装破损，商品外溢。

（2）作业人员要佩戴手套和相应的防毒口罩或面具，穿防护服。

（3）作业中不得饮食，不得用手擦嘴、脸、眼睛。每次作业完毕，必须及时用肥皂（或专用洗涤剂）洗净面部、手部，用清水漱口，防护用具应及时清洗，集中存放。

国家安全生产监督管理总局、工业和信息化部发布的《关于危险化学品企业贯彻落实〈国务院关于进一步加强企业安全生产工作的通知〉的实施意见》（安监总管三〔2010〕186号）要求：在危险化学品槽车充装环节，推广使用金属万向管道充装系统代替充装软管，禁止使用软管充装液氯、液氨、液化石油气、液化天然气等液化危险化学品。

## 二、危险化学品运输的安全要求

运输与装卸危险化学品，必须符合有关法规、标准的要求，切实保证安全。

### （一）《危险化学品安全管理条例》

《危险化学品安全管理条例》（以下简称《条例》）对危险化学品运输的有关规定如下：

（1）危险化学品运输的资质认定：

①《条例》规定，从事危险化学品道路运输，应当依照有关道路运输的法律、行政法规的规定，取得危险货物道路许可，并向工商行政管理部门办理登记手续。

② 通过道路运输危险化学品的，托运人应当委托依法取得危险货物道路运输许可的企业承运。

③ 运输危险化学品的驾驶人员、装卸管理人员、押运人员、申报人员、集装箱装箱现场检查员，应当经交通运输主管部门考核合格，取得从业资格。应当了解所运输的危险化学品的危险特性及其包装物、容器的使用要求和出现危险情况时的应急处置方法。运输危险化学品，应当根据危险化学品的危险特性采取相应的安全防护措施，并配备必要的防护用品和应急救援器材。

（2）危险化学品运输中的一般规定：

①《条例》规定，通过道路运输危险化学品的，应当按照运输车辆的核定载质量装载危险化学品，不得超载。危险化学品运输车辆应当符合国家标准要求的安全技术条件，并按照国家有关规定定期进行安全技术检验。危险化学品运输车辆应当悬挂或者喷涂符合国家标准要求的警示标志。

②《条例》规定，通过道路运输危险化学品的，应当配备押运人员，并保证所运输的危险化学品处于押运人员的监控之下。运输危险化学品途中因住宿或者发生影响正常运输的情况，需要较长时间停车的，驾驶人员、押运人员应当采取相应的安全防范措施；运输剧毒化学品或者易制爆危险化学品的，还应当向当地公安机关报告。

③《条例》规定，未经公安机关批准，运输危险化学品的车辆不得进入危险化学品运输车辆限制通行的区域。危险化学品运输车辆限制通行的区域由县级人民政府公安机关划定，并设置明显的标志。

### （二）剧毒化学品的运输

（1）《条例》规定，通过道路运输剧毒化学品的，托运人应当向运输始发地或者目的地县级人民政府公安机关申请剧毒化学品道路运输通行证。申请剧毒化学品道路运输通行证，托运人应当向县级人民政府公安机关提交：营业执照或者法人证书（登记证书）的复印件；剧毒化学品品种、数量的说明；运输始发地、目的地、运输时间和运输路线的说明；承运人取得危险货物道路运输许可、运输车辆取得营运证及驾驶人员、押运人员取得上岗资格的证明文件。剧毒化学品道路运输通行证管理办法由国务院公安部门制定。

（2）《条例》规定，剧毒化学品、易制爆危险化学品在道路运输途中丢失、被盗、被抢或者出现流散、泄漏等情况的，驾驶人员、押运人员应当立即采取相应的警示措施和安全措施，并向当地公安机关报告。

### （三）危险化学品运输的其他要求

（1）托运危险物品必须出示有关证明，向指定铁路、交通、航运等部门办理手续。托运物品必须与托运单上所列的品名相符，托运未列入国家品名表的危险物品，应附交上级主管部门审查同意的技术鉴定书。

（2）危险物品的装卸运输人员，应按装运危险物品的性质，佩戴相应的防护用品，装卸时必须轻装轻卸，严禁摔拖、重压和摩擦，不得损坏包装容器，并注意标志，堆放稳妥。

（3）危险物品装卸前，应对车搬运工具进行必要的通风和清扫，不得留有残渣，对装有剧毒物品的车，卸车后必须洗刷干净。

（4）装运爆炸、剧毒、放射性、易燃液体、可燃气体等物品，必须使用符合安全要求的运输工具。

① 禁止用电瓶车、翻斗车、铲车、自行车等运输爆炸物品。运输强氧化剂、爆炸品及铁桶包装的一级易燃液体时，没有采取可靠的安全措施，不得用铁底板车及汽车挂车。

② 禁止用叉车、翻斗车、铲车搬运易燃、易爆危险物品。

③ 温度较高地区装运液化气体和易燃气体等危险物品，要有防晒设施。

④ 放射性物品应用专用运输搬运车和抬架搬运，装卸机械应按规定负荷降低 25%。

（5）运输爆炸、剧毒和放射性物品，应指派专人押运，押运人员不得少于两人。

（6）运输危险物品的车辆，必须保持安全的车速，保持车距，严禁超车、超速和强行会车。运输危险物品的行车路线，必须事先经当地公安交通管理部门批准，按指定的路线和时间运输，不可在繁华街道行驶和停留。

（7）运输危险化学品的车辆应专车专用，并有明显标志，要符合交通管理部门对车辆和设备的规定：

① 车厢底板必须平坦完好，周围栏板必须牢固。

② 机动车辆排气管应装阻火器，电路系统应有切断总电源和隔离火花的装置。

③ 车辆必须按照《道路运输危险货物车辆标志》(GB 13392)悬挂规定的标志和标志灯。

④ 根据装卸危险化学品货物的性质，配备相应的消防器材。

(8)蒸汽机车在调车作业中，对装载易燃、易爆物品的车辆，必须挂不少于两节的隔离车，并严禁溜放。

(9)运输散装固体危险物品，应根据性质，采取防火、防爆、防水、防粉尘飞扬和遮阳等措施。

(10)禁止无关人员搭乘运输危险化学品的车、船和其他运输工具。

(11)运输爆炸品和需凭证运输的危险化学品，应有运往地县、市公安部门的爆炸品准运证或危险化学品准运证。

(12)运输危险化学品车辆、船只应有防火安全措施。

(13)易燃品闪点在28℃以下，气温高于28℃时应在夜间运输。性质或消防方法相互抵触及配装号或类项不同的危险化学品不能装载同一车内运输。

(14)危险化学品运输的包装应符合《危险货物运输包装通用技术条件》(GB 12463)的规定。

(15)装运集装箱、大型气瓶、可移动罐(槽)等的车辆，必须设置有效的紧固装置。

(16)通过铁路、航空运输危险化学品的，按照国务院铁路、民航部门的有关规定执行。

## 三、危险化学品包装的安全要求

《危险化学品安全管理条例》第十七条规定，危险化学品的包装应当符合法律、行政法规、规章的规定及国家标准、行业标准的要求。危险化学品包装物、容器的材质及危险化学品包装的型式、规格、方法和单件质量(重量)，应当与所包装的危险化学品的性质和用途相适应。

《危险化学品安全管理条例》第十八条规定，生产列入国家实行生产许可证制度的工业产品目录的危险化学品包装物、容器的企业，应当依照《工业产品生产许可证管理条例》的规定，取得工业产品生产许可证；其生产的危险化学品包装物、容器经国务院质量监督检验检疫部门认定的检验机构检验合格，方可出厂销售。对重复使用的危险化学品包装物、容器，使用单位在重复使用前应当进行检查；发现存在安全隐患的，应当维修或者更换。使用单位应当对检查情况做出记录，记录的保存期限不得少于2年。

## 四、危险化学品出入库管理

(1)储存危险化学品的仓库，必须建立严格的出入库管理制度。危险化学品出入库，必须进行核查登记。库存危险化学品应当定期检查。

（2）危险化学品出入库前，均应按合同进行检查验收、登记，验收内容包括以下内容：

① 商品数量。

② 危险化学品的包装必须符合国家法律、法规、规章的规定和国家标准的要求。

③ 危险标志（包括“一书一签”，即产品安全技术说明书和安全标签）经核对后方可入库、出库，当物品性质未弄清时不得入库。

（3）进入危险化学品储存区域的人员、机动车辆和作业车辆，必须采取防火措施。进入危险化学品库的机动车辆应安装防火罩。机动车装卸货物后，不准在库区、库房、货场内停放和修理。

（4）装卸、搬运危险化学品时应按有关规定进行，做到轻装、轻卸，严禁摔、碰、撞、击、拖拉、倾倒和滚动。

（5）装卸对人身有毒害及腐蚀性的物品时，操作人员应根据危险性，穿戴相应的防护用品。

（6）装卸易燃易爆物料时，作业人员应穿工作服，戴手套、口罩等必要的防护用具，操作中轻搬轻放，防止摩擦和撞击。

（7）各类危险化学品分装、改装、开箱、开桶、验收和质量检查等需在库房外进行。

（8）不得用同一车辆运输互为禁忌的物料。

（9）在操作各类危险化学品时，企业应在经营店面和仓库内，针对各类危险化学品的性质准备相应的急救药品和制订急救预案。

## 五、危险化学品的登记管理

《危险化学品登记管理办法》于 2012 年 5 月 21 日国家安全生产监督管理总局局长办公会议审议通过，自 2012 年 8 月 1 日起施行。该办法旨在加强对危险化学品使用的安全管理，为防范化学事故和应急救援技术及信息支持提供了法律依据。适用于危险化学品生产企业生产危险化学品目录所列危险化学品的登记和管理工作。登记的时间、内容和程序需求如下。

（1）登记时间。

① 新建的生产企业应当在竣工验收前办理危险化学品登记。

② 同一企业生产同一品种危险化学品的，按照生产企业进行一次登记，但应当提交进口危险化学品的有关信息。

（2）危险化学品登记应当包括的内容。

① 分类和标签信息，包括危险化学品的危险性类别、象形图、警示词、危险性说明、防范说明等。

② 物理、化学性质，包括危险化学品的外观与性状、溶解性、熔点、沸点等物理性质，闪点、爆炸极限、自燃温度、分解温度等化学性质。

③ 主要用途，包括企业推荐的产品合法用途、禁止或者限制的用途等。

④ 危险特性，包括危险化学品的物理危险性、环境危害性和毒理特性。

⑤ 储存、使用、运输的安全要求。其中，储存的安全要求包括对建筑条件、库房条件、安全条件、环境卫生条件、温度和湿度条件的要求；使用的安全要求包括使用时的操作条件、作业人员防护措施、使用现场危害控制措施等；运输的安全要求包括对运输或者输送方式的要求、危害信息向有关运输人员的传递手段、装卸及运输过程中的安全措施等。

⑥ 出现危险情况的应急处置措施，包括危险化学品在生产、使用、储存、运输过程中发生火灾、爆炸、泄漏、中毒、窒息、灼伤等化学品事故时的应急处理方法，应急咨询服务电话等。

（3）办理登记的程序。

① 登记企业通过登记系统提出申请。

② 登记办公室在 3 个工作日内对登记企业提出的申请进行初步审查，符合条件的，通过登记系统通知登记企业办理登记手续。

③ 登记企业接到登记办公室通知后，按照有关要求在登记系统中如实填写登记内容，并向登记办公室提交有关纸质登记材料。

④ 登记办公室在收到登记企业的登记材料之日起 20 个工作日内，对登记材料和登记内容逐项进行审查，必要时可进行现场核查，符合要求的，将登记材料提交给登记中心；不符合要求的，通过登记系统告知登记企业并说明理由。

⑤ 登记中心在收到登记办公室提交的登记材料之日起 15 个工作日内，对登记材料和登记内容进行审核，符合要求的，通过登记办公室向登记企业发放危险化学品登记证；不符合要求的，通过登记系统告知登记办公室、登记企业并说明理由。

登记企业修改登记材料和整改问题所需时间，不计算在上述内容规定的期限内。

## 第三节　危险化学品废弃物的管理

### 一、废弃危险化学品与危险废物

#### （一）废弃危险化学品

根据《废弃危险化学品污染环境防治办法》（国家环境保护总局令第 27 号公布，自 2005 年 10 月 1 日起实行）第二条规定：废弃危险化学品是指未经使用而被所有人抛弃或者放弃的危险化学品。

### （二）危险废物

根据《中华人民共和国固体废物污染环境防治法》，危险废物是指列入国家危险废物名录或者根据国家规定的危险废物鉴别标准和鉴别方法认定的具有危险特性的固体废物。

### （三）废弃危险化学品与危险废物关系

《国家危险废物名录》（2016 年版）第四条规定：列入危险化学品目录的化学品废弃后属于危险废物。

即废弃危险化学品一定是危险废弃物，但危险废弃物不一定是废弃危险化学品，如医疗废物、放射性废物属于危险废物，但不是废弃危险化学品。

## 二、危险化学品废弃物处置的有关规定

《危险化学品安全管理条例》规定，环境保护主管部门负责废弃危险化学品处置的监督管理，组织危险化学品的环境危害性鉴定和环境风险程度评估，确定实施重点环境管理的危险化学品，负责危险化学品环境管理登记和新化学物质环境管理登记；依照职责分工调查相关危险化学品环境污染事故和生态破坏事件，负责危险化学品事故现场的应急环境监测。危险化学品废弃物的安全处置，必须遵循以下规定。

（1）对危险废物的容器和包装物及收集、储存、运输、处置危险废物的设施、场所，必须设置危险废物识别标志。

（2）销毁、处理有燃烧、爆炸、中毒和其他危险的废弃化学物品，应当采取安全措施，并征得所在地公安和环境部门的同意。同时，大量销毁易燃易爆化学品时，应当征得所在地公安消防部门的同意。

（3）产生危险废物的单位，必须按照国家有关规定申报登记。

（4）产生危险废物的单位，必须按照国家有关规定处置；不处置的，由所在地县级以上人民政府环境保护行政主管部门责令限期改正；逾期不处置或者处置不符合国家有关规定的，由上述主管部门指定单位按照国家有关规定代为处置，处置费用由产生危险废物的单位承担。

（5）禁止在危险品储存区域内堆积可燃废弃物品；泄漏或渗漏危险品的包装容器应迅速移至安全区域。

（6）以填埋方式处置危险废物不符合国家有关规定的，应当缴纳危险废物排污费。

（7）因发生事故或者其他突发性事件，造成危险废物严重污染环境的单位，必须立即采取措施消除或者减轻对环境的污染危害，及时通报可能受到污染危害的单位和居民，并向所在地县级以上人民政府环境保护行政主管部门和有关部门报告，接受调查处理。

（8）危险化学品单位转产、停产、停业或者解散的，应当采取有效措施，处置危险品的生产和储存设备、库存产品及生产原料，不得留有事故隐患。

处置方案应当报所在地设区的市级人民政府负责危险品安全监督管理主管部门和同级环境保护部门、公安部门备案。负责危险品安全监督管理主管部门应当对处置情况进行监督检查。

### 三、危险化学品废弃物处置的基本方法

废弃危险化学品的处置，是指通过将废弃危险化学品焚烧和用其他改变其物理、化学、生物特性的方法，减少已产生的废物数量、缩小固体废物体积、减少或消除其危险成分的活动，或者将废弃危险物最终置于符合环境保护规定要求的场所或者设施并不再回收的活动。

废弃危险物处置办法主要有地质处置和海洋处置两大类。地质处置包括土地耕作、永久储存或储留地储存、土地填埋、深井灌注和深地层处置等几种，其中应用最多的是土地填埋处置技术。

### 四、塔里木油田危险化学品废弃物现状

塔里木油田危险化学品废弃物主要包括以下类别：含油污泥、废弃油基钻井液（岩屑）、废催化剂、含汞废物、废液（废酸、废有机溶剂、废弃危险化学品、废润滑油）。

（1）含汞废物：产生量约 30t/a，来自天然气除汞净化过程中产生的含汞脱附剂、含汞污泥等。

（2）废弃油基钻井液、岩屑：产生量约 70000t/a，来自山前油基钻井。

（3）含油污泥：产生量 $2 \times 10^4$t/a，来自隔油池清理、大罐清淤、管线刺漏。

（4）废催化剂：产生量 20t/a（装置检修更换），来自炼化企业。

（5）废润滑油：产生量约 100t/a，主要来自设备检修更换，回掺原油进行再利用。

## 第四节　危险化学品重大危险源的辨识与监控 ※

### 一、危险化学品重大危险源的辨识与风险评价

#### （一）相关定义

（1）危险化学品重大危险源：长期或临时地生产、加工、搬运、使用或储存危险化学品，且危险化学品的数量超过或等于临界量的单元。

（2）辨识单元：涉及危险化学品的生产、储存装置、设施或场所，分为生产单元和储存单元。

生产单元是危险化学品的生产、加工及使用等的装置及设施，当装置及设施之间有

切断阀时，以切断阀作为分隔界限划分为独立的单元。储存单元是用于储存危险化学品的储罐或仓库组成的相对独立的区域，储罐区以罐区防火堤为界限划分为独立的单元，仓库以独立库房（独立建筑物）为界限划分为独立的单元。

## （二）危险化学品重大危险源辨识依据及方法

依据《危险化学品重大危险源辨识》（GB 18218—2018）规定的危险化学品的危险性及临界量对危险化学品重大危险源进行辨识。

危险化学品重大危险源的辨识依据是危险化学品的危险特性及其数量。符合下面条件的，则定为危险化学品重大危险源。

（1）单元内存在的危险化学品为单一品种时，该化学品的数量即为单元内危险化学品的总量，若等于或超过相应的临界量，则定为危险化学品重大危险源。

（2）单元内存在的危险化学品为多品种时，按式（3–1）计算，若满足式（3–1），则定为危险化学品重大危险源。

$$S=q_1/Q_1+q_2/Q_2+\cdots+q_n/Q_n \geqslant 1 \tag{3–1}$$

式中　$S$——辨识指标；

$q_1$，$q_2$，…，$q_n$——每种危险化学品的实际存在量，单位为吨（t）；

$Q_1$，$Q_2$，…，$Q_n$——与每种危险化学品相对应的临界量，单位为吨（t）。

危险化学品临界量的确定方法如下：

（1）在表 3–2 范围内的危险化学品，其临界量按表 3–2 确定。

**表 3–2　相关危险化学品名称及其临界量**

| 序号 | 危险化学品名称和说明 | 别名 | CAS 号 | 临界量，t |
|---|---|---|---|---|
| 1 | 甲烷，天然气 | | 74–82–8（甲烷）<br>8006–14–2（天然气） | 50 |
| 2 | 氢 | 氢气 | 1333–74–0 | 5 |
| 3 | 乙炔 | 电石气 | 74–86–2 | 1 |
| 4 | 氨 | 液氨；氨气 | 7664–41–7 | 10 |
| 5 | 甲醛（含量＞90%） | 蚁醛 | 50–00–0 | 5 |
| 6 | 硫化氢 | | 7783–06–4 | 5 |
| 7 | 煤气（CO、CO 和 $H_2$、$CH_4$ 的混合物等） | | | 20 |
| 8 | 1，3– 丁二烯 | 联乙烯 | 106–99–0 | 5 |
| 9 | 液化石油气<br>（含丙烷、丁烷及其混合物） | 石油气（液化的） | 68476–85–7<br>74–98–6（丙烷）<br>106–97–8（丁烷） | 50 |

续表

| 序号 | 危险化学品名称和说明 | 别名 | CAS 号 | 临界量，t |
|---|---|---|---|---|
| 10 | 氧（压缩的或液化的） | 液氧；氧气 | 7782-44-7 | 200 |
| 11 | 苯 | 纯苯 | 71-43-2 | 50 |
| 12 | 丙酮 | 二甲基酮 | 67-64-1 | 500 |
| 13 | 甲醇 | 木醇；木精 | 67-56-1 | 500 |
| 14 | 乙醇 | 酒精 | 64-17-5 | 500 |
| 15 | 汽油（乙醇汽油、甲醇汽油） |  | 86290-81-5（汽油） | 200 |

（2）未在表 3-2 范围内的危险化学品，依据其危险性，按表 3-3 确定临界量。若一种危险化学品具有多种危险性，按其中最低的临界量确定。

**表 3-3　未在表 3-2 中列举的危险化学品类别及其临界量**

| 类别 | 符号 | 危险性分类及说明 | 临界量，t |
|---|---|---|---|
| 健康危害 | J（健康危害性符号） |  |  |
| 急性毒性 | J1 | 类别 1，所有暴露途径，气体 | 5 |
|  | J2 | 类别 1，所有暴露途径，固体、液体 | 50 |
|  | J3 | 类别 2、类别 3，所有暴露途径，气体 | 50 |
|  | J4 | 类别 2、类别 3，吸入途径，液体（沸点≤35℃） | 50 |
|  | J5 | 类别 2，所有暴露途径，液体（除 J4 外）、固体 | 500 |
| 物理危险 | W（物理危险性符号） |  |  |
| 易燃气体 | W2 | 类别 1 和类别 2 | 10 |
| 氧化性气体 | W4 | 类别 1 | 50 |
| 易燃液体 | W5.1 | ——类别 1；<br>——类别 2 和类别 3，工作温度高于沸点 | 10 |
|  | W5.2 | ——类别 2 和类别 3，具有引发重大事故的特殊工艺条件包括危险化工工艺、爆炸极限范围或附近操作、操作压力大于 1.6MPa 等 | 50 |
|  | W5.3 | ——不属于 W5.1 或 W5.2 的其他类别 2 | 1000 |
|  | W5.4 | ——不属于 W5.1 或 W5.2 的其他类别 3 | 5000 |
| 氧化性固体和液体 | W9.1 | 类别 1 | 50 |
|  | W9.2 | 类别 2、类别 3 | 200 |
| 易燃固体 | W10 | 类别 1，易燃固体 | 200 |

（3）危险化学品储罐及其他容器、设备或仓储区的危险化学品的实际存在量按设计最大量确定。

（4）对于危险化学品混合物，如果混合物与其纯物质属于相同危险类别，则视混合物为纯物质，按混合物整体进行计算。如果混合物与其纯物质不属于相同危险类别，则应按新危险类别考虑其临界量。

### （三）危险化学品重大危险源分级方法

（1）分级指标。采用单元内各种危险化学品实际存在（在线）量与其在《危险化学品重大危险源辨识》（GB 18218）中规定的临界量比值，经校正系数校正后的比值之和 $R$ 作为分级指标。

（2）$R$ 的计算方法见式（3–2）：

$$R=\alpha\left(\beta_1\frac{q_1}{Q_1}+\beta_2\frac{q_2}{Q_2}+\cdots+\beta_n\frac{q_n}{Q_n}\right) \tag{3–2}$$

式中 $q_1$，$q_2$，…，$q_n$——每种危险化学品实际存在（在线）量，单位为吨（t）；

$Q_1$，$Q_2$，…，$Q_n$——与各危险化学品相对应的临界量，单位为吨（t）；

$\beta_1$，$\beta_2$，…，$\beta_n$——与各危险化学品相对应的校正系数；

$\alpha$——该危险化学品重大危险源厂区外暴露人员的校正系数。

（3）校正系数 $\beta$ 的取值。根据单元内危险化学品的类别不同，设定校正系数 $\beta$ 值，见表 3–4 和表 3–5。

**表 3–4 常见毒性气体校正系数 $\beta$ 值取值表**

| 毒性气体名称 | 一氧化碳 | 氨 | 氯化氢 | 硫化氢 |
|---|---|---|---|---|
| $\beta$ | 2 | 2 | 3 | 5 |

**表 3–5 未在表 3–4 中列举的危险化学品校正系数 $\beta$ 取值表**

| 类别 | 符号 | $\beta$ 校正系数 |
|---|---|---|
| 急性毒性 | J1 | 4 |
| | J2 | 1 |
| | J3 | 2 |
| | J4 | 2 |
| | J5 | 1 |
| 易燃气体 | W2 | 1.5 |
| 氧化性气体 | W4 | 1 |

续表

| 类别 | 符号 | β校正系数 |
|---|---|---|
| 易燃液体 | W5.1 | 1.5 |
| | W5.2 | 1 |
| | W5.3 | 1 |
| | W5.4 | 1 |
| 氧化性固体和液体 | W9.1 | 1 |
| | W9.2 | 1 |
| 易燃固体 | W10 | 1 |

（4）校正系数$\alpha$的取值。根据危险化学品重大危险源的厂区边界向外扩展500m范围内常住人口数量，设定厂外暴露人员校正系数$\alpha$值，见表3-6。

**表3-6　校正系数$\alpha$取值表**

| 厂外可能暴露人员数量 | $\alpha$ |
|---|---|
| 100人以上 | 2.0 |
| 50人～99人 | 1.5 |
| 30人～49人 | 1.2 |
| 1～29人 | 1.0 |
| 0人 | 0.5 |

（5）分级标准

根据计算出来的$R$值，按表3-7确定危险化学品重大危险源的级别。

**表3-7　危险化学品重大危险源级别和$R$值的对应关系**

| 危险化学品重大危险源级别 | $R$值 |
|---|---|
| 一级 | $R \geqslant 100$ |
| 二级 | $100 > R \geqslant 50$ |
| 三级 | $50 > R \geqslant 10$ |
| 四级 | $R < 10$ |

## 二、危险化学品重大危险源的普查与监控

### （一）危险化学品重大危险源的普查

1. 危险化学品重大危险源所在地的基本情况

危险化学品重大危险源所在地的基本情况包括法人单位名称、单位代码、经济类型、占地面积、行业代码、主管机关、通信地址、邮政编码、所属委办、隶属关系、主要产品等有关危险化学品重大危险源所在地基本情况信息的 17 个指标。

2. 危险化学品重大危险源的评估情况

危险化学品重大危险源具有下列情况之一的，应当重新进行安全评估。

（1）实施新建、改建、扩建工程的。

（2）生产工艺、材料及生产过程、设备、设施等发生变更的。

（3）外部环境因素发生重大变化的。

（4）发生生产安全事故的。

（5）国家有关标准发生变化的。

3. 危险源与周边环境的关系

（1）危险源周边环境的情况。危险源周边环境情况包括可能灾害形式、最大危险区域面积和周边地区情况。

（2）周边情况对危险源的影响。主要考虑的危险因素是火源、输配电装置等。

4. 危险化学品重大危险源事故应急预案的情况

危险化学品重大危险源事故应急预案的情况包括：

（1）危险化学品单位应针对危险化学品重大危险源每年至少开展一次综合应急演练或专项应急演练，每半年至少开展一次现场处置应急演练。

（2）危险化学品单位应对涉及危险化学品重大危险源的从业人员进行应急管理培训，使其全面掌握本岗位的安全操作技能和在紧急情况下应当采取的应急措施。

（3）危险化学品单位应将危险化学品重大危险源可能发生事故的后果及应急措施等信息告知可能受影响的单位和人员。

### （二）危险化学品重大危险源的监控与备案

1. 政府部门对危险化学品重大危险源的宏观监控

在对存在的危险化学品重大危险源进行普查、分级，并制定有关危险化学品重大危险源监察管理法规的基础上，明确存在危险化学品重大危险源的企业对于危险源的管理责任、管理要求（包括组织制度、报告制度、监控管理制度及措施、隐患整改方案、应急措施方案等），促使企业建立危险化学品重大危险源控制机制，确保安全。

2. 企业对危险化学品重大危险源的监控

企业对危险化学品重大危险源的监控依照《危险化学品重大危险源监督管理暂行规定》（国家安监总局令第 40 号）第十三条进行：危险化学品单位应当根据构成危险化学品重大危险源的危险化学品种类、数量、生产、使用工艺（方式）或者相关设备、设施等实际情况，按照下列要求建立健全安全监测监控体系，完善控制措施。

（1）危险化学品重大危险源配备温度、压力、液位、流量、组分等信息的不间断采集和监测系统及可燃气体和有毒有害气体泄漏检测报警装置，并具备信息远传、连续记录、事故预警、信息存储等功能；一级或者二级危险化学品重大危险源，具备紧急停车功能。记录的电子数据的保存时间不少于 30d。

（2）危险化学品重大危险源的化工生产装置装备满足安全生产要求的自动化控制系统；一级或者二级危险化学品重大危险源，装备紧急停车系统。

（3）对危险化学品重大危险源中的毒性气体、剧毒液体和易燃气体等重点设施，设置紧急切断装置；毒性气体的设施，设置泄漏物紧急处置装置。涉及毒性气体、液化气体、剧毒液体的一级或者二级危险化学品重大危险源，配备独立的安全仪表系统（SIS）。

（4）危险化学品重大危险源中储存剧毒物质的场所或者设施，设置视频监控系统。

（5）安全监测监控系统符合国家标准或者行业标准的规定。

油田危险化学品重大危险源实行分级管理与监控。一级危险化学品重大危险源由油田公司监控，二级危险化学品重大危险源由所属二级单位监控与管理，三级、四级危险化学品重大危险源由基层单位监控与管理。各级直线组织和属地主管要清楚同级危险化学品重大危险源的基本情况、危险等级、安全应对措施和应急救援措施。

3. 危险化学品重大危险源的备案

危险化学品重大危险源的备案依照《危险化学品重大危险源监督管理暂行规定》（国家安监总局令第 40 号）第二十三条进行：危险化学品单位在完成危险化学品重大危险源安全评估报告或者安全评价报告后 15d 内，应当填写危险化学品重大危险源备案申请表，连同本规定第二十二条规定的危险化学品重大危险源档案材料（其中第二款第五项规定的文件资料只需提供清单），报送所在地县级人民政府安全生产监督管理部门备案。

县级人民政府安全生产监督管理部门应当每季度将辖区内的一级、二级危险化学品重大危险源备案材料报送至设区的市级人民政府安全生产监督管理部门。设区的市级人民政府安全生产监督管理部门应当每半年将辖区内的一级危险化学品重大危险源备案材料报送至省级人民政府安全生产监督管理部门。

危险化学品重大危险源出现本规定第十一条所列情形之一的，危险化学品单位应当及时更新档案，并向所在地县级人民政府安全生产监督管理部门重新备案。

## 三、油田危险化学品重大危险源简介 ※

根据《塔里木油田 2019 年危险化学品重大危险源评估报告》，油田目前共有危险化学品重大危险源 48 处，其中一级 5 处，二级 1 处，三级 20 处，四级 22 处，详见表 3–8。

**表 3–8　塔里木油田危险化学品重大危险源目录**

| 序号 | 重大危险源级别名称 | 数量个 | 二级单位名称（数量） | 站场名称（数量） | 单元名称 |
|---|---|---|---|---|---|
| 1 | 一级危险化学品重大危险源 | 5 | 塔里木石化（1 个） | 合成氨装置（1 个） | 液氨罐区 |
| | | | 巴州塔里木能源（2 个） | 轮南轻烃厂（2 个） | 液化石油气球罐区储存单元 |
| | | | | | 稳定轻烃球罐区储存单元 |
| | | | 油气运销部（2 个） | 轮南集油站（1 个） | 5#~8# 原油储罐区储存单元 |
| | | | | 牙哈装车站（1 个） | 北区 1#~8# 液化石油气储罐区储存单元 |
| 2 | 二级危险化学品重大危险源 | 1 | 油气运销部（1 个） | 轮南集油站（1 个） | 9#~10# 原油储罐区储存单元 |
| 3 | 三级危险化学品重大危险源 | 20 | 塔里木石化（2 个） | 合成氨装置（1 个） | 合成氨单元 |
| | | | | 尿素装置（1 个） | 尿素单元 |
| | | | 巴州塔里木能源（2 个） | 轮南轻烃厂（2 个） | A 列装置生产单元 |
| | | | | | B 列装置生产单元 |
| | | | 迪那油气开发部（1 个） | 迪那处理站（1 个） | 液化石油气罐区储存单元 |
| | | | 东河油气开发部（2 个） | 东一联合站（1 个） | 原油罐区储存单元 |
| | | | | 哈六联合站（1 个） | 事故罐区储存单元 |
| | | | 哈得油气开发部（1 个） | 哈得四联合站（1 个） | 10000m$^3$ 原油储罐区储存单元 |
| | | | 轮南油气开发部（4 个） | 轮南处理站（2 个） | 1# 罐区储存单元 |
| | | | | | 2# 罐区储存单元 |
| | | | | 轮三联合站（1 个） | 原油储罐区储存单元 |
| | | | | 轮一联合站（1 个） | 原油储罐区储存单元 |
| | | | 塔中油气开发部（1 个） | 塔一联合站（1 个） | 事故油罐区储存单元 |
| | | | 英买油气开发部（1 个） | 英买处理站（1 个） | 液化石油气储罐区储存单元 |

续表

<table>
<tr><th>序号</th><th>重大危险源级别名称</th><th>数量个</th><th>二级单位名称（数量）</th><th>站场名称（数量）</th><th>单元名称</th></tr>
<tr><td rowspan="6">3</td><td rowspan="6">三级危险化学品重大危险源</td><td rowspan="6">20</td><td rowspan="5">油气运销部（5 个）</td><td>轮库输油首站（1 个）</td><td>1#~4# 原油储罐区储存单元</td></tr>
<tr><td>塔中首站（1 个）</td><td>1#~3# 凝析油储罐区储存单元</td></tr>
<tr><td rowspan="3">牙哈装车站（3 个）</td><td>南区 2#~3# 凝析油储罐区储存单元</td></tr>
<tr><td>北区 1#~2# 凝析油储罐区储存单元</td></tr>
<tr><td>北区 5#~6# 凝析油储罐区储存单元</td></tr>
<tr><td>泽普油气开发部（1 个）</td><td>柯克亚处理站（集输）（1 个）</td><td>万方罐区储存单元</td></tr>
<tr><td rowspan="14">4</td><td rowspan="14">四级危险化学品重大危险源</td><td rowspan="14">22</td><td>博大油气开发部（1 个）</td><td>大北处理站（1 个）</td><td>凝析油罐区储存单元</td></tr>
<tr><td rowspan="3">迪那油气开发部（3 个）</td><td rowspan="2">牙哈处理站（2 个）</td><td>液化石油气罐区储存单元</td></tr>
<tr><td>凝析油事故罐区储存单元</td></tr>
<tr><td>迪那处理站（1 个）</td><td>轻油凝析油罐区储存单元</td></tr>
<tr><td rowspan="3">哈得油气开发部（3 个）</td><td>哈得四联合站（1 个）</td><td>3000m³ 原油储罐区储存单元</td></tr>
<tr><td>哈得一联合站（1 个）</td><td>1000m³ 事故油罐区储存单元</td></tr>
<tr><td>跃满转油站（1 个）</td><td>1000m³ 事故油罐区储存单元</td></tr>
<tr><td rowspan="3">轮南油气开发部（3 个）</td><td rowspan="2">轮南处理站（2 个）</td><td>3# 罐区储存单元</td></tr>
<tr><td>原油事故罐区储存单元</td></tr>
<tr><td>轮二转油站（1 个）</td><td>原油储罐区储存单元</td></tr>
<tr><td rowspan="4">塔中油气开发部（4 个）</td><td rowspan="2">塔三联合站（2 个）</td><td>未稳定凝析油 A、B、C 球罐区储存单元</td></tr>
<tr><td>未稳定凝析油 D 球罐区储存单元</td></tr>
<tr><td rowspan="2">塔二联合站（2 个）</td><td>未稳定凝析油 A、B 球罐区储存单元</td></tr>
<tr><td>事故凝析油 A、B 球罐区储存单元</td></tr>
</table>

续表

| 序号 | 重大危险源级别名称 | 数量个 | 二级单位名称（数量） | 站场名称（数量） | 单元名称 |
|---|---|---|---|---|---|
| 4 | 四级危险化学品重大危险源 | 22 | 英买油气开发部（4个） | 英买处理站（3个） | 天然气生产装置生产单元 |
| | | | | | 凝析油罐区储存单元 |
| | | | | | 稳定轻烃罐区储存单元 |
| | | | | 英潜联合站（1个） | 事故油罐区储存单元 |
| | | | 油气运销部（2个） | 牙哈装车站（2个） | 南区1#凝析油储罐区储存单元 |
| | | | | | 北区3#~4#凝析油储罐区储存单元 |
| | | | 泽普油气开发部（2个） | 柯克亚处理站（集输）（1个） | 5000$m^3$原油罐区储存单元 |
| | | | | 柯克亚处理站（注气）（1个） | 混烃（液化石油气）储罐区储存单元 |

油田危险化学品重大危险源管控措施：认真落实《危险化学品重大危险源监督管理暂行规定》，按照三年一个周期对油田危险化学品站场全面开展辨识与评估工作；对危险化学品重大危险源辨识出的问题逐一整改；严格按照规定进行备案；严格实施监控，开展属地管理与分级监管相结合的监控模式，定期开展检查，实行信息化管理，做到“一源一案”；每月按时上报危险化学品重大危险源安全运行状况；把危险化学品重大危险源单元作为重点开展监督检查。

## 第五节　危险化学品生产单位安全标准化管理 ※

### 一、危险化学品安全生产标准化的内涵 ※

根据《企业安全生产标准化基本规范》（GB/T 33000—2016），安全生产标准化（简称“安全标准化”）是指通过建立安全生产责任制，制订安全管理制度和操作规程，排查治理隐患和监控危险化学品重大危险源，建立预防机制，规范生产行为，使各生产环节符合有关安全生产法律法规和标准规范的要求，人、机、物、环处于良好的生产状态，并持续改进，不断加强企业安全生产规范化建设。

安全生产标准化要求生产经营单位分析生产安全风险，建立预防机制，健全科学的安全生产责任制、安全生产管理制度和操作规程，各生产环节和相关岗位的安全工作符合法律法规、标准规程的要求，达到和保持一定的标准，并持续改进、完善和提高，使企业的人、机、物、环始终处在最好的安全状态下运行，进而保证和促进企业在安全的前提下健康快速发展。

安全生产标准化与《中华人民共和国标准化法》中的“标准化”是不同的。《中华人民共和国标准化法》中的“标准化”主要是通过制定、实施国家、行业等标准，来规范各种生产行为，以获得最佳生产秩序和社会效益的过程，两者有所不同。

## 二、危险化学品企业安全标准化的评审标准

为进一步促进危险化学品从业单位安全生产标准化工作的规范化、科学化，根据《企业安全生产标准化基本规范》和《危险化学品从业单位安全标准化通用规范》（AQ/T 3013）的要求，国家安全生产监督管理总局制定了《危险化学品从业单位安全生产标准化评审标准》（以下简称“评审标准”），并于 2011 年 6 月 20 日发布实施。

该评审标准确定了 12 个 A 级要素，即法律、法规和标准，机构和职责，风险管理，管理制度，培训教育，生产设施及工艺安全，作业安全，职业健康，危险化学品管理，事故与应急，检查与自评，本地区的要求，在此基础上，又分为 55 个 B 级要素。

该评审标准的每个 A 级要素的满分均为 100 分，并分配到 B 级要素中，并针对每个 B 级要素明确规定其标准化要求、企业达标标准、评审方法及具体的评审标准。

评审标准由 A 级要素和 B 级要素组成，各主要要素具体评分概括见表 3–9。

## 三、危险化学品企业安全标准的评审程序

企业安全生产标准化达标等级分为一级企业、二级企业、三级企业，其中一级为最高。达标等级具体要求由国家安全生产监督管理总局按照行业分别确定。

安全生产标准化一级企业由国家安全生产监督管理总局公告，证书、牌匾由其确定的评审组织单位发放；二级企业的公告和证书、牌匾的发放，由省级安全监管部门确定；三级企业由地市级安全监管部门确定，经省级安全监管部门同意，也可以授权县级安全监管部门确定。

企业安全生产标准化建设以企业自主创建为主，程序包括自评、申请、评审、公告、颁发证书和牌匾。企业在完成自评后，实行自愿申请评审。

### （一）申请

（1）企业按照自愿申请的原则，申请取得安全生产标准化等级证书的企业，在上报自评报告的同时，提出评审申请。

（2）申请安全生产标准化评审的企业应具备以下条件：

① 设立有安全生产行政许可的，已依法取得国家规定的相应安全生产行政许可。

② 申请评审之日的前 1 年内，无生产安全死亡事故。

**表 3–9 危险化学品从业单位安全生产标准化评审标准**

| A 级要素 | 1. 法律、法规和标准（100 分） | | 2. 机构和职责（100 分） | | | | | 3. 风险管理（100 分） | | |
|---|---|---|---|---|---|---|---|---|---|---|
| B 级要素 | 法律、法规和标准的识别和获取（50 分） | 法律、法规和标准的符合性评价（50 分） | 方针目标（20 分） | 负责人（20 分） | 职责（30 分） | 组织机构（20 分） | 安全生产投入（10 分） | 范围与评价方法（10 分） | 风险评价（10 分） | 风险控制（15 分） |

| A 级要素 | 3. 风险管理（100 分） | | | | | 4. 管理制度（100 分） | | | 5. 培训教育（100 分） | | | | | |
|---|---|---|---|---|---|---|---|---|---|---|---|---|---|---|
| B 级要素 | 隐患排查与治理（20 分） | 危险化学品重大危险源（20 分） | 变更（10 分） | 风险信息更新（10 分） | 供应商（5 分） | 安全生产规章制度（40 分） | 操作规程（40 分） | 修订（20 分） | 培训教育管理（20 分） | 从业人员岗位标准（10 分） | 管理人员培训（20 分） | 从业人员培训教育（30 分） | 其他人员培训教育（10 分） | 日常安全教育（10 分） |

| A 级要素 | 6. 生产设施及工艺安全（100 分） | | | | | | | 7. 作业安全（100 分） | | | | 8. 职业健康（100 分） | | |
|---|---|---|---|---|---|---|---|---|---|---|---|---|---|---|
| B 级要素 | 生产设施建设（10 分） | 安全设施（20 分） | 特种设备（10 分） | 工艺安全（25 分） | 关键装置及重点部位（15 分） | 检维修（10 分） | 拆除和报废（10 分） | 作业许可（20 分） | 警示标志（15 分） | 作业环节（40 分） | 承包商（25 分） | 职业危害项目申报（25 分） | 作业场所职业危害管理（50 分） | 劳动防护用品（25 分） |

| A 级要素 | 9. 危险化学品管理（100 分） | | | | | | | 10. 事故与应急（100 分） | | | | | | 11. 检查与自评（100 分） | |
|---|---|---|---|---|---|---|---|---|---|---|---|---|---|---|---|
| B 级要素 | 危险化学品档案（10 分） | 化学品分类（10 分） | 化学品安全技术说明书和安全标签（10 分） | 化学事故应急咨询服务电话（10 分） | 危险化学品登记（20 分） | 危害告知（15 分） | 储存和运输（25 分） | 应急指挥与救援系统（10 分） | 应急救援设施（15 分） | 应急救援与演练（25 分） | 抢险与救护（20 分） | 事故报告（15 分） | 事故调查（15 分） | 安全检查（25 分） | 安全检查形式与内容（25 分） |

| A 级要素 | 11. 检查与自评（100 分） | | 12. 本地区的要求 |
|---|---|---|---|
| B 级要素 | 整改（20 分） | 自评（30 分） | |

行业评定标准要求高于上述条款的，按照行业评定标准执行；低于本条款要求的，按照上述条款执行。

（3）申请安全生产标准化一级企业还应符合以下条件：

① 在本行业内处于领先位置，原则上控制在本行业企业总数的 1% 以内。

② 建立并有效运行安全生产隐患排查治理体系，实施自查自改自报，达到一类水平。

③ 建立并有效运行安全生产预测预控体系。

④ 建立并有效运行国际通行的生产安全事故和职业健康事故调查统计分析方法。

⑤ 相关行业规定的其他要求。

⑥ 省级安全监管部门推荐意见。

## （二）评审

（1）评审组织单位收到企业评审申请后，应在 10 个工作日内完成申请材料审查工作。经审查符合条件的，通知相应的评审单位进行评审；不符合申请要求的，书面通知申请企业，并说明理由。

（2）评审单位收到评审通知后，应按照有关评定标准的要求进行评审。评审完成后，将符合要求的评审报告，报评审组织单位审核。

（3）评审结果未达到企业申请等级的，申请企业可在进一步整改完善后重新申请评审，或根据评审实际达到的等级重新提出申请。

（4）评审工作应在收到评审通知之日起 3 个月内完成（不含企业整改时间）。

## （三）公告

（1）评审组织单位接到评审单位提交的评审报告后应当及时进行审查，并形成书面报告，报相应的安全监管部门；不符合要求的评审报告，评审组织单位应退回评审单位并说明理由。

（2）相应安全监管部门同意后，对符合要求的企业予以公告，同时抄送同级工业和信息化主管部门、人力资源社会保障部门、国资委、工商行政管理部门、质量技术监督部门、银监局；不符合要求的企业，书面通知评审组织单位，并说明理由。

## （四）颁发证书和牌匾

（1）经公告的企业，由相应的评审组织单位颁发相应等级的安全生产标准化证书和牌匾，有效期为 3 年。

（2）证书和牌匾由国家安全生产监督管理总局统一监制，统一编号。

## （五）撤销

（1）取得安全生产标准化证书的企业，在证书有效期内发生下列行为之一的，由原公告单位公告撤销其安全生产标准化企业等级：

① 在评审过程中弄虚作假、申请材料不真实的。

② 迟报、漏报、谎报、瞒报生产安全事故的。

③ 企业发生生产安全死亡事故的。

（2）被撤销安全生产标准化等级的企业，自撤销之日起满 1 年后，方可重新申请评审。

（3）被撤销安全生产标准化等级的企业，应向原发证单位交回证书、牌匾。

#### （六）期满复评

（1）取得安全生产标准化证书的企业，3 年有效期届满后，可自愿申请复评，换发证书、牌匾。

（2）满足以下条件，期满后可直接换发安全生产标准化证书、牌匾：

① 按照规定每年提交自评报告并在企业内部公示。

② 建立并运行安全生产隐患排查治理体系。一级企业应达到一类水平，二级企业应达到二类及以上水平，三级企业应达到三类及以上水平，实施自查自改自报。

③ 未发生生产安全死亡事故。

④ 安全监管部门在周期性安全生产标准化检查工作中，未发现企业安全管理存在突出问题或者重大隐患。

⑤ 未改建、扩建或者迁移生产经营、储存场所，未扩大生产经营许可范围。

（3）一级、二级企业申请期满复评时，如果安全生产标准化评定标准已经修订，应重新申请评审。

（4）安全生产标准化达标企业提升达到高等级标准化企业要求的，可以自愿向相应等级评审组织单位提出申请评审。

### 四、油田安全生产标准化达标情况简介 ※

油田危险化学品企业安全标准化达标单位有塔西南勘探开发公司、塔里木石化分公司，均为二级达标企业。

油田非煤矿山企业正在组织申请安全生产标准化达标单位。

## 第六节　油田相关危险化学品管理制度介绍

### 一、油田 QHSE 管理制度体系 ※

塔里木油田公司按照 QHSE 管理体系思想，设计了自上而下、层层细化、互为支持的 QHSE 管理制度文件架构，通过管理规定、管理办法等综合性管理制度保障整个体系的有效运行，通过管理实施细则和管理标准细化管理要求，具体如图 3–1 所示。

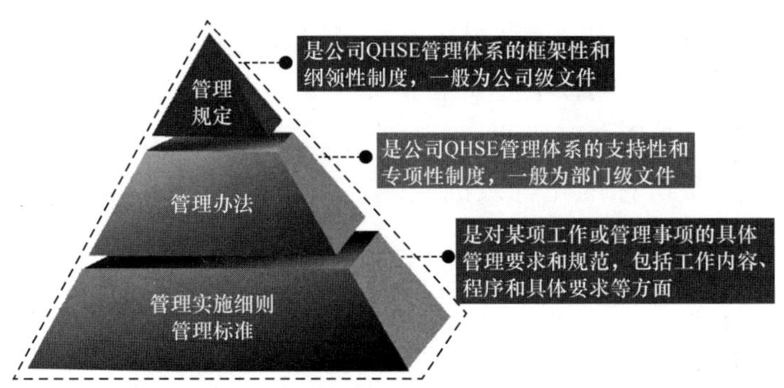


图 3-1　油田 QHSE 管理制度体系结构图

油田共有各类 QHSE 管理规定、管理办法 80 个，QHSE 管理实施细则和管理细化标准 79 个。主要危险化学品管理制度包括塔里木油田公司危险化学品安全管理办法、塔里木油田公司危险化学品重大危险源安全管理办法、塔里木油田公司固体废物管理办法等，一些主要的安全生产制度见表 3-10。

**表 3-10　塔里木油田公司主要安全生产制度 ※**

| 序号 | 文件名 | 制修订责任部门 |
| --- | --- | --- |
| 1 | 塔里木油田公司风险分级防控及隐患排查治理管理办法 | 质量安全环保处 |
| 2 | 塔里木油田公司 QHSE 培训管理实施细则 | 质量安全环保处 |
| 3 | 塔里木油田公司 HSE 三同时管理办法 | 质量安全环保处 |
| 4 | 塔里木油田公司 QHSE 监督管理办法 | 质量安全环保处 |
| 5 | 塔里木油田公司承包商 QHSE 管理办法 | 质量安全环保处 |
| 6 | 塔里木油田公司安全环保事故管理办法 | 质量安全环保处 |
| 7 | 塔里木油田公司 QHSE 管理考核办法 | 质量安全环保处 |
| 8 | 塔里木油田公司 QHSE 管理体系审核管理办法 | 质量安全环保处 |
| 9 | 塔里木油田公司安全生产管理办法 | 质量安全环保处 |
| 10 | 塔里木油田公司危险化学品安全管理办法 | 质量安全环保处 |
| 11 | 塔里木油田公司危险化学品重大危险源安全管理办法 | 质量安全环保处 |
| 12 | 塔里木油田公司道路交通安全管理办法 | 质量安全环保处 |
| 13 | 塔里木油田公司消防安全管理办法 | 质量安全环保处 |
| 14 | 塔里木油田公司安全生产升级管理办法（试行） | 质量安全环保处 |
| 15 | 塔里木油田公司健康管理办法 | 质量安全环保处 |
| 16 | 塔里木油田公司员工个人劳动防护用品管理办法 | 质量安全环保处 |

续表

| 序号 | 文件名 | 制修订责任部门 |
| --- | --- | --- |
| 17 | 塔里木油田公司环境保护管理办法 | 质量安全环保处 |
| 18 | 塔里木油田公司固体废物管理办法 | 质量安全环保处 |
| 19 | 塔里木油田公司钻井（试油、修井）环境保护管理办法 | 质量安全环保处 |
| 20 | 塔里木油田公司节能节水管理办法 | 质量安全环保处 |
| 21 | 塔里木油田公司质量管理办法 | 质量安全环保处 |
| 22 | 塔里木油田公司计量管理办法 | 质量安全环保处 |
| 23 | 塔里木油田公司标准化管理办法 | 质量安全环保处 |
| 24 | 塔里木油田公司突发事件应急预案管理办法 | 生产运行处 |
| 25 | 塔里木油田公司应急通信系统管理办法 | 生产运行处 |
| 26 | 塔里木油田公司油气集输与处理系统化学药剂管理办法 | 开发处 |
| 27 | 塔里木油田公司特种设备管理办法 | 设备管理处 |
| 28 | 塔里木油田公司压力管道管理办法 | 设备管理处 |
| 29 | 塔里木油田公司应急物资储备管理细则 | 生产运行处 |
| 30 | 塔里木油田公司防爆电气安全管理实施细则 | 设备管理处 |
| 31 | 塔里木油田公司气瓶管理实施细则 | 设备管理处 |
| 32 | 塔里木油田公司压力容器入场检验实施细则 | 设备管理处 |
| 33 | 通用安全标准 | 质量安全环保处 |
| 34 | 塔里木油田公司防火防爆场所火源控制标准 | 质量安全环保处 |
| 35 | 工作安全分析管理标准 | 质量安全环保处 |
| 36 | 安全工作许可证管理标准 | 质量安全环保处 |
| 37 | 吊装作业安全管理标准 | 质量安全环保处 |
| 38 | 高处作业安全管理标准 | 质量安全环保处 |
| 39 | 工业动火安全管理标准 | 质量安全环保处 |
| 40 | 管线打开安全管理标准 | 质量安全环保处 |
| 41 | 临时用电安全管理标准 | 质量安全环保处 |
| 42 | 进入受限空间作业安全管理标准 | 质量安全环保处 |
| 43 | 挖掘作业安全管理标准 | 质量安全环保处 |
| 44 | 上锁、挂签、测试安全管理标准 | 质量安全环保处 |

续表

| 序号 | 文件名 | 制修订责任部门 |
|---|---|---|
| 45 | 事件管理标准 | 质量安全环保处 |
| 46 | 现场安全目视管理标准 | 质量安全环保处 |
| 47 | 安全观察与沟通管理标准 | 质量安全环保处 |
| 48 | 工艺安全分析管理规范 | 油气工程研究院 |
| 49 | 投运前安全审查管理规范 | 油气工程研究院 |
| 50 | 工艺和设备变更管理规范 | 油气工程研究院 |
| 51 | 工艺安全信息管理规范 | 油气工程研究院 |
| 52 | 设计与施工工艺安全管理规范 | 油气工程研究院 |
| 53 | 塔里木油田公司突发事件应急预案 | 生产运行处 |

## 二、塔里木油田危险化学品重点安全管理制度介绍 ※

### （一）塔里木油田公司危险化学品安全管理办法 ※

塔里木油田公司危险化学品安全管理办法于 2019 年 11 月 20 日印发，旨在加强油田危险化学品的安全管理，保证危险化学品在生产、储存、经营、运输、使用和废弃处置过程中的安全。内容包括生产储存等环节安全管理、易制爆危险化学品安全管理、剧毒化学品（化学试剂）安全管理。相关内容如下：

（1）危险化学品生产、储存单位必须取得危险化学品安全生产许可证，并在自治区危险化学品注册登记管理办公室注册登记后方准投入生产。危险化学品的经营单位必须取得危险化学品经营许可证后，方准从事危险化学品的经营。

（2）油田生产、经营、储存危险化学品单位的主要负责人和安全监督管理人员，必须经过安全培训，由政府有关部门考核合格。

（3）油田直接从事危险化学品生产、储存、经营、运输、使用和废弃处置的员工，应接受相关法律、规定、专业技术、安全知识、职业卫生防护、紧急情况下的应急处理和自救互救培训，经考试合格后方准上岗作业。

（4）新建、改建、扩建生产、储存危险化学品的建设项目，应严格按照塔里木油田公司建设项目安全“三同时”管理相关制度要求，开展安全评价、安全设施设计、安全设施竣工验收等相关工作。

（5）危险化学品单位应制订应急预案，配备应急管理人员和必要的应急救援器材、设备，并定期组织演练、评估改进。

（6）属地管理单位应全面掌握辖区内危险化学品情况，建立危险化学品管理台账，采用化学品反应矩阵等方法开展危害识别和风险评估，并向员工告知相关危害因素、防范措施及事故应急措施，提供符合标准要求的劳动防护用品。

（7）属地管理单位应在现场设置警示标志，说明岗位涉及危险化学品的危险特性和防护措施等，并在现场放置危险化学品安全技术说明书或安全标签。

（8）属地管理单位必须保证危险化学品生产和储存作业场所的安全监测、通风、防火防爆、防雷、防静电、防泄漏及其他安全设施的完好性，要按规定进行维护保养、检验检测，保证符合安全运行的要求。

（9）属地管理单位应对危险化学品容器、管道设置明显标志，并严格按照规定对危险化学品容器、管道进行定期检测和维护。

（10）生产、储存危险化学品的单位必须每三年进行一次安全现状评价。

（11）构成危险化学品重大危险源的危险化学品生产、储存场所，应严格落实塔里木油田公司危险化学品重大危险源安全管理办法。

（12）危险化学品储存场所、库房等应符合《建筑设计防火规范》GB 50016 与《常用化学危险品贮存通则》GB 15603 等标准的规定。

（13）危险化学品应按其化学性质分类、分区存放，并有明显的标志，应根据危险化学品特性，采取防晒、降温、防潮、防雨等安全措施。

（14）属地管理单位应严格执行危险化学品出入库管理制度，设专人管理，定期对库存危险化学品进行检查，严格核对、检验进出库物品的规格、质量、数量，登记并做好记录。

（15）采购危险化学品时必须核查供应商危险化学品安全生产许可证或经营许可证等资质，并要求供应商提供符合标准要求的化学品安全技术说明书和化学品安全标签。物资采购部门在给用户单位提供危险化学品时必须同时将化学品安全技术说明书和化学品安全标签移交用户单位。

（16）使用危险化学品，应核对安全标签、安全技术说明书与实物相一致，并编制使用安全规程和注意事项。

（17）油田生产的危险化学品，其产品包装必须符合相关法规制度标准要求。销售部门应向用户提供经自治区危险化学品登记管理办公室审核签章的化学品安全技术说明书，并在产品包装上粘贴或拴挂化学品安全标签。

（18）气瓶使用、储存、运输等必须严格按照气瓶安全监察规定等法规标准执行。

（19）从事危险化学品运输的驾驶、押运、装卸和管理人员必须经过有关安全知识的培训，必须了解所接触危险化学品的性质、危害特性，掌握所接触危险化学品的装卸、运输安全知识和发生意外的应急措施，并经考试合格，取得上岗资格证后，方准上岗作业。

（20）危险化学品运输、装卸，应按规定配备押运人员，应按危险化学品的危险特性，采取符合规定的安全防护措施，配备应急处理器材和防护用品。使用的车辆、容器、槽罐等设备设施，应按规定检测检验合格。装运具有爆炸、剧毒、易燃液体、可燃气体等性质的化学品，应使用符合安全要求的运输工具。

（21）属地管理单位必须严格核查进入属地的危险化学品运输承包商或客户的车辆、人员等相关安全资质，符合条件方准进入现场。

（22）危险化学品装卸作业应由专人在现场负责指挥，装卸时应轻装、轻卸，严禁摔拖、重压和摩擦，不得损毁包装容器，并注意标志，堆放稳妥。危险化学品槽车充装应使用金属万向管道充装系统，严禁采用软管充装液氯、液氨、液化石油气、液化天然气等液化危险化学品，不准超量充装，不得超过装卸流速限值。

（23）禁止用叉车、铲车、翻斗车搬运易燃、易爆液化气体等危险化学品。

（24）装卸和运输危险化学品必须具备政府有关部门核发的充装证、准运证、押运证和充装记录本。

## （二）塔里木油田公司危险化学品重大危险源安全管理办法

塔里木油田公司危险化学品重大危险源安全管理办法于2019年11月20日印发，旨在加强危险化学品重大危险源的监督管理，预防重特大事故的发生。内容包括危险化学品重大危险源的辨识与评估、管理和监控，相关内容如下：

（1）油田各级安全管理部门是危险化学品重大危险源安全监督管理部门，履行以下职责：

① 严格执行油田公司重大危险源安全管理规章制度。

② 开展重大危险源登记建档、备案、核销等工作。

③ 负责各级重大危险源的监控和安全管理工作。

④ 负责本单位重大危险源的安全检查和隐患排查工作。

⑤ 保证重大危险源安全管理与监控必需的资源投入。

⑥ 负责集团公司HSE信息系统和自治区安全生产信息管理系统中重大危险源管理模块的信息录入。

（2）塔里木油田公司每年组织开展危险化学品重大危险源辨识和评估工作，经辨识为危险化学品重大危险源的，由危险化学品重大危险源所属二级单位向所在地县级安全生产监督管理部门备案。

（3）各单位应每年组织危险化学品重大危险源辨识，辨识为危险化学品重大危险源的报油田安全管理部门登记，已不构成危险化学品重大危险源的报油田安全部门核实后由属地管理单位到备案部门进行核销。

（4）涉及危险化学品的新改扩建项目应在验收阶段对是否构成危险化学品重大危险源进行辨识和评估，构成危险化学品重大危险源的，项目组织实施单位应及时整改评估问题并协助用户单位向地方政府备案。

（5）危险化学品重大危险源普查、辨识范围主要包括危险化学品储罐区、库区、生产场所（包括高压、高含硫、高危地区油气生产装置）。

（6）危险化学品单位重大危险源安全评估可以与本单位的安全评价一起进行，以安全评价报告代替安全评估报告，也可以单独进行危险化学品重大危险源安全评估。

（7）危险化学品重大危险源安全评价或评估报告提出的问题和建议，相关单位要立即组织落实整改。不能立即整改的，要落实风险防控措施。

（8）危险化学品重大危险源单位的生产岗位人员必须持证上岗，单位应对生产岗位人员进行定期的安全培训和评估，使其了解危险化学品重大危险源的危险特性，熟悉危险化学品重大危险源安全管理规章制度和安全操作规程，掌握本岗位的安全操作技能和应急措施。

（9）危险化学品重大危险源单位应当明确关键装置、重点部位的责任人或者责任部门，并对危险化学品重大危险源的安全生产状况进行定期检查，及时采取措施消除隐患。隐患难以立即排除的，应当及时制订治理方案，落实整改措施、责任、资金、时限和预案。

（10）危险化学品重大危险源单位应当定期对安全设施和安全监测监控系统进行检测、检验，并进行经常性维护、保养，保证危险化学品重大危险源的安全设施和安全监测监控系统有效、可靠运行。

（11）危险化学品重大危险源单位应在重大危险源场所位置设立重大危险源信息公示牌。信息公示牌主要内容应包括重大危险源名称、级别、危险物质及储存数量、风险及控制措施、紧急情况下的应急措施、源长姓名及职责、重大危险源概况、应急电话等内容。

（12）危险化学品重大危险源实行分级管理与监控。一级危险化学品重大危险源由塔里木油田公司监控，二级危险化学品重大危险源由所属二级单位监控与管理，三级、四级危险化学品重大危险源由基层单位监控与管理。各级直线组织和属地主管要清楚同级危险化学品重大危险源的基本情况、危险等级、安全应对措施和应急救援措施。

（13）危险化学品重大危险源单位应当制订危险化学品重大危险源应急救援预案，建立应急救援组织或者配备应急救援人员，配备必要的防护装备及应急救援器材、设备、物资，并保障其完好和方便使用，落实应急救援预案的各项措施。

（14）危险化学品单位应当对辨识确认的危险化学品重大危险源及时、逐项进行登记建档。

### （三）塔里木油田公司固体废物管理办法

塔里木油田公司固体废物管理办法于2019年11月20日印发，旨在加强塔里木油田公司危险废物管理，防止危险废物污染环境。内容包括危险废物的分类与收集、危险废物的贮存和标识、危险废物的利用及处置、危险废物的委托处置流程及要求，相关内容如下：

1. 危险废物产生单位职责

（1）建立、健全危险废物污染环境防治责任制度、内部管理制度，执行危险废物污染防治责任信息公开制度，在显著位置张贴危险废物防治责任信息，张贴信息能够表明危险废物的产生环节、危险特性、去向及责任人等。

（2）建立危险废物日常管理、管线刺漏环境事件等危险废物管理台账，如实规范记录危险废物产生、收集、贮存、运输、处置情况。

（3）按时向所在地县级以上环保部门申报登记危险废物的种类、产生量、流向、贮存、处置等有关资料。

（4）制订危险废物管理计划，按照环保部门要求的时限向所在地县级以上环保部门备案。管理计划应包括减少危险废物产生量和危害性的措施，以及危险废物贮存、利用、处置措施。危险废物管理计划根据自治区环保厅下发的《危险废物管理计划制订和备案指南（暂行）》及中华人民共和国环境保护法下发的《危险废物管理计划制订和备案指南》编制。申报事项有重大改变的，应当及时申报。产生危险废物的单位应当指定专人妥善保管危险废物管理计划，危险废物管理计划至少保存 5 年。

（5）采取符合清洁生产要求的生产工艺和技术，防止或者减少危险废物的产生；对可利用的危险废物应当进行综合利用，对不能利用的危险废物应当进行无害化处置。

（6）制订危险废物突发事故应急预案并报所在地县级以上环保部门备案，按照预案要求每年组织应急演练，应急演练要有详细的演练计划，演练的图片、文字或视频记录，演练后的总结材料。

（7）建立危险废物管理培训计划，定期组织相关管理人员和从事危险废物收集、运输、暂存、利用和处置等工作的人员进行危险废物相关法律法规、规章制度、工作流程和应急预案等各项培训，经评估合格后方可上岗。应留存证明当年度已开展业务培训的影像等方面的材料。

2. 危险废物的分类与收集

（1）各单位应按危险废物的特性分类进行清理、收集。禁止将危险废物混入非危险废物进行贮存和处置。

（2）危险废物由各单位统一收集至危险废物贮存或暂存场所，分类存放。

（3）禁止将不相容（相互反应）的危险废物在同一容器内混装（不包括减轻危险废物危害性的措施，例如将实验室废酸、废碱进行中和）。

3. 危险废物的贮存和标识

（1）建设暂存或贮存、利用、处置危险废物的项目，应进行环境影响评价。危险废物污染环境防治设施，应进行环境保护“三同时”验收。

（2）危险废物产生单位和经营单位应依据危险废物贮存污染控制标准，建造专用的危险废物暂存或贮存设施。

（3）在常温常压下不水解、不挥发的危险废物可在贮存设施内分别存放。除此之外，必须将危险废物装入容器内，无法装入常用容器的危险废物可用防漏胶袋等盛装。

（4）危险废物的容器和包装物及收集、贮存、运输、利用、处置危险废物的设施、场所应依据危险废物标志牌式样设置危险废物识别标志。

（5）危险废物暂存或贮存时间不得超过一年，否则需向县级以上环保部门报批延期贮存申请。

4. 危险废物的利用、处置

（1）危险废物的利用、处置必须严格按照国家相关规范和标准进行，防止产生二次污染。

（2）危险废物产生单位不具备处置能力、条件的，应当委托具备危险废物处置资质的第三方单位处置。产生单位应对拟委托处置单位资质、许可范围、技术能力、经营许可证有效期等进行核实。产废单位将危险废物委托有资质的单位处置，按照国家规定执行了危险废物转移联单制度并已经由委托单位接收的，即视为完成危险废物的污染防治责任。

（3）产废单位将危险废物转运至油田自建环保设施处置的，无须办理危险废物转移联单，但应按照《危险废物收集、贮存、运输技术规范》（HJ 2025—2012）运行危险废物产生单位内转运记录表，并在每个月第5个工作日前将上月转运记录报送质量安全环保处及相关政府环保部门。在地州市行政区域内转运的每月将转运记录报送所在地县环保局、地州市环保局；跨地州市转运的每月将转运记录同时报送县环保局、地州市环保局、自治区环保厅。

### （四）塔里木油田公司生产安全风险分级防控及隐患排查治理管理办法

塔里木油田公司生产安全风险分级防控及隐患排查治理管理办法于2019年12月10日印发，旨在加强安全环保危害因素识别与风险管控，确保及时发现各种危害因素，及时治理隐患、管控风险，预防和减少安全环保事故事件发生，内容包括危害因素辨识、风险评估与隐患管理、风险等级划分方法等，相关内容如下：

（1）油田公司各单位应当选择适当的方法，对生产经营过程中的危害因素每年至少组织一次全面辨识。在生产作业开始前应进行动态危害因素辨识，所有员工应参与危害因素辨识活动。

（2）危害因素辨识方法有现场观察、工作前安全分析（JSA）、安全检查表（SCL）、危险与可操作性分析（HAZOP）、故障树分析（FTA）、事件树分析（ETA）等方法。

（3）塔里木油田公司各级组织应定期开展综合性或专项隐患排查，岗位员工应按照巡检制度开展日常巡检，及时发现并报告隐患。基层班组应结合班组安全活动，至少每周组织一次隐患排查。基层单位应结合岗位责任制检查，至少每月组织一次事故隐患排查。二级单位应根据季节性特征及本单位的生产实际，至少每季度开展一次隐患排查，重大活动及节假日前应进行一次隐患排查。油田公司至少每半年组织一次综合性隐患排查，重大活动及节假日前应进行一次隐患排查。

（4）涉及重点监管危险化工工艺、重点监管危险化学品和重大危险源的“两重点一重大”危险化学品生产、储存的单位，应每五年至少开展一次危险与可操作性分析（HAZOP）。

（5）各级单位对排查出的隐患应进行风险评估并分级。油田隐患按照后果严重程度分重大隐患、较大隐患和一般隐患。

（6）各单位应及时对发现的事故隐患进行治理，对不能立即整改的隐患，应制订和落实隐患控制措施，并告知岗位人员和相关人员在紧急情况下采取的应急措施。

（7）各单位主要负责人应当根据隐患评估结果，组织制订并实施隐患治理方案，做到整改措施、责任、资金、时限和预案“五到位”。

（8）需要通过申请费用立项整改的隐患，按照塔里木油田公司安全生产费用项目管理实施细则与塔里木油田公司环保隐患治理项目实施细则执行。

# 第四章　危险化学品生产单位安全生产技术

★ 熟悉防火防爆主要技术措施及可燃气体检测标准。

★ 了解静电、雷电危害，熟悉静电、雷电的防护措施。

★ 了解化工生产安全技术，掌握重点监管危险化工工艺安全技术。

★ 了解锅炉、压力容器、气瓶、工业管道安全管理知识。

★ 了解油田特种设备管理现状。

★ 了解风险辨识与管控技术方法。

★ 了解油田高危作业与工艺变更管理标准。

## 第一节　危险化学品生产安全设施 ※

《国家安全监管总局关于印发〈危险化学品建设项目安全设施目录（试行）〉和〈危险化学品建设项目安全设施设计专篇编制导则（试行）〉的通知》（安监总危化〔2007〕225号）对企业安全设施进行了说明。

### 一、安全设施的含义

指企业（单位）在生产经营活动中将危险因素、有害因素控制在安全范围内以及预防、减少、消除危害所配备的装置（设备）和采取的措施。

### 二、安全设施的分类 ※

安全设施分为预防事故设施、控制事故设施、减少与消除事故影响设施3类。

#### （一）预防事故设施

1. 检测、报警设施

压力、温度、液位、流量、组分等报警设施，可燃气体、有毒有害气体、氧气等检测和报警设施，用于安全检查和安全数据分析等检验检测设备、仪器。

2. 设备安全防护设施

防护罩、防护屏、负荷限制器、行程限制器，制动、限速、防雷、防潮、防晒、防冻、防腐、防渗漏等设施，传动设备安全锁闭设施，电器过载保护设施，静电接地设施。

3. 防爆设施

各种电气、仪表的防爆设施，抑制助燃物品混入（如氮封）及易燃易爆气体和粉尘形成等设施，阻隔防爆器材，防爆工器具。

4. 作业场所防护设施

作业场所的防辐射、防静电、防噪声、通风（除尘、排毒）、防滑、防灼烫等设施及防护栏（网）。

5. 安全警示标志

包括各种指示、警示作业安全、逃生避难及风向警示等标志。

## （二）控制事故设施

1. 泄压和止逆设施

用于泄压的阀门、爆破片、放空管等设施，用于止逆的阀门等设施，真空系统的密封设施。

2. 紧急处理设施

紧急备用电源，紧急切断、分流、排放（火炬）、吸收、中和、冷却等设施，通入或者加入惰性气体、反应抑制剂等设施，紧急停车、仪表联锁等设施。

## （三）减少与消除事故影响设施

1. 防止火灾蔓延设施

阻火器、安全水封、回火防止器、防油（火）堤，防爆墙、防爆门等隔爆设施，防火墙、防火门、蒸汽幕、水幕等设施，防火材料涂层。

2. 灭火设施

水喷淋、惰性气体、蒸汽、泡沫释放等灭火设施，消火栓、高压水枪（炮）、消防车、消防水管网、消防站等。

3. 紧急个体处置设施

洗眼器、喷淋器、逃生器、逃生索、应急照明等设施。

4. 应急救援设施

堵漏、工程抢险装备和现场受伤人员医疗抢救装备。

5. 逃生避难设施

逃生和避难的安全通道（梯）、安全避难所（带空气呼吸系统）、避难信号等。

6. 劳动防护用品和装备

包括头部及面部的视觉、呼吸、听觉器官防护用品，四肢、躯干的防火、防毒、防灼烫、防腐蚀、防高处坠落、防砸击、防刺伤等免受作业场所物理、化学因素伤害的劳动防护用品和装备。

# 第二节　防火防爆安全技术

## 一、燃烧与爆炸基础知识

### （一）定义

（1）燃烧：是一种复杂的物理化学过程，同时伴有发光、发热的激烈氧化反应。其特征是发光、发热、生成新物质。

（2）爆炸：在极短时间内，释放出大量能量，产生高温，并放出大量气体，在周围介质中造成高压的化学反应或状态变化，同时破坏性极强。

### （二）相关名词解释

（1）闪点：易燃、可燃液体（包括具有升华性的可燃固体）表面挥发的蒸气与空气形成的混合气，当火源接近时会产生瞬间燃烧。这种现象称为闪燃。引起闪燃的最低温度称闪点。当可燃液体温度高于其闪点时则随时都有被火焰点燃的危险。就火灾和爆炸来说，化学物质的闪点越低，危险性越大。

（2）燃点：可燃物质在空气充足的条件下，达到某一温度与火焰接触即行着火（出现火焰或灼热发光），并在移去火焰之后仍能继续燃烧的最低温度称为该物质的燃点或着火点。

（3）沸点：是液体沸腾时候的温度，也就是液体的饱和蒸气压与外界压强相等时的温度。液体浓度越高，沸点越高。不同液体的沸点是不同的。沸点随外界压力变化而改变，压力低，沸点也低。

（4）凝固点：是晶体物质凝固时的温度，是液体的蒸气压与其固体的蒸气压相等时的温度。

（5）爆炸极限：可燃气（液）体蒸气或可燃粉尘与空气混合并达到一定浓度时，遇火源就会燃烧或爆炸。这个遇火源能够发生燃烧或爆炸的浓度范围，称为爆炸极限。通常用可燃气体在空气中的体积分数（%）表示。

（6）最小点火能：是指能引起爆炸性混合物燃烧爆炸时所需的最小能量。最小点火能数值愈小，说明该物质愈易被引燃。

### （三）燃烧、爆炸的发生条件

燃烧：包括可燃物、助燃物、点火源，具备以上三个条件，物质才能燃烧。

爆炸必须具备的三个条件：

（1）爆炸性物质：能与氧气（空气）反应的物质，包括气体、液体和固体（气体：氢气，乙炔，甲烷等；液体：酒精，汽油；固体：粉尘，纤维粉尘等）。

（2）辅助燃烧的助燃剂（氧化剂）：如氧气、空气。

（3）有足够能量的点燃源：包括明火、电气火花、机械火花、静电火花。

## 二、防火防爆基本措施

### （一）火灾爆炸危险物的控制

1. 根据物质的危险特性进行控制

对本身具有自燃能力的物质，应采取隔绝空气、防水防潮或采取通风、散热、降温等措施，防止发生燃烧或爆炸。两种相互接触能引起燃烧爆炸的物质不能混存和相互接触；如遇酸碱能分解、燃烧、爆炸的物质要严禁与酸碱接触。对机械作用比较敏感的物质要轻拿轻放。对易燃、可燃气体或蒸气要根据它们对空气的相对密度采用相应的排空方法和防火防爆措施。对于不稳定的物质，在贮存中应添加稳定剂。对受到阳光作用能生成具有爆炸性过氧化物的某些液体，必须存放在金属桶内或暗色的玻璃瓶中。对能产生静电的物质要采取防静电措施。

2. 防止可燃物外溢泄漏

密闭设备系统是防止可燃气体、蒸气、粉尘与空气形成爆炸性混合物的最有力措施之一。对于有压设备，需要保持其密闭性，防止可燃气体、蒸气、粉尘溢出。负压设备要保持其密闭性，防止因空气吸入达到气体混合物的爆炸极限而导致爆炸。

3. 惰性气体保护

化工生产中常用的惰性气体有氮气、二氧化碳、水蒸气等，使用最为广泛的是氮气。在日常生产中必须采取措施防止危险物料窜入。

4. 通风置换

在有火灾爆炸危险的场所内，应采用通风置换、除尘降低场所内可燃物的含量，防止形成爆炸性混合物。

5. 安全监测及联锁

安全监测及联锁系统包括信号报警装置、保险装置，安全联锁系统，火灾爆炸监测装置等。

## （二）点火源的控制

1. 明火

明火包括加热用火、检修用火、高架火炬等。《石油化工企业设计防火标准》（GB 50160—2008）规定：生产用明火加热炉应集中布置在厂区的边缘，位于有易燃物料设备全年最小频率风向的下风侧，与露天布置的液化烃设备和甲类生产厂房的防火间距不小于 15m。加热炉的燃料室与设备应分开或隔离，加热炉的钢支架应覆盖耐火极限不小于 1.5h 的耐火层，烧燃料气的加热炉应设长明灯和火焰监测器。

高架火炬应布置在生产区全年最小频率风向的上风侧，与相邻居住区、工厂的防火间距不小于 120m，与厂区内的装置、储罐、设施不小于 90m。火炬的顶部应有可靠的点火设施和防止下“火雨”的措施。严禁排入火炬的可燃气体携带可燃液体，火炬周围的 30m 范围内，禁止可燃气体放空。

使用气焊、电焊、喷灯进行安装和维修时，严格执行塔里木油田公司动火作业相关标准。

2. 摩擦和撞击

机器上转动部分的摩擦、铁器的互相撞击或铁器工具打击混凝土地面等，都有可能产生高温火花，在易燃易爆的场所，要避免发生摩擦和撞击，防止发生火灾爆炸的危险。

3. 高温表面

危险化学品生产的加热、干燥装置，高温物料输送管线，高压蒸汽管路及某些反应设备的金属表面等，应采用绝热材料对热表面进行保温隔热处理。

4. 自燃发热

某些易燃易爆物质具有自燃发热的特性，应存放在通风阴凉干燥处。

5. 电气、静电火花

电火花是引起可燃气体、蒸气及粉尘与空气混合物燃烧爆炸的重要着火源。在具有爆炸、火灾的危险场所，电气设备必须达到防爆规程的要求。在化工生产中，物料泄漏喷出、摩擦搅拌，液体及粉体物料的输送均可因产生静电而导致火灾爆炸事故的发生。

## （三）限制火灾爆炸的蔓延扩散

1. 阻火装置

阻火装置是为了防止外部火焰或火星进入有燃烧爆炸危险的设备、管道、容器，阻止火焰在设备和管道之间扩展，防止火灾爆炸发生的装置。常用的阻火装置有阻火器、回火防止器、安全液封等。

2. 阻火设施

阻火设施是指把火灾限定在一定范围内，阻断火势蔓延的安全构件或设施。常用的阻火设施有防火门、防火墙、防火堤、事故存油罐、防火集流坑等。

3. 防爆泄压装置

防爆泄压装置是指设置在工艺设备上或受压窗口上，能够防止压力突然升高或爆炸冲击波对设备、容器的破坏的安全防护装置。主要有安全阀、爆破片、泄爆门等。

4. 隔离

对火灾、爆炸危险性大的装置，采取分区隔离和远距离操作等措施，一旦发生火灾爆炸可大大减少灾害带来的损失。

### （四）工艺参数的安全控制

1. 温度控制

（1）移走反应热。化学反应过程一般都伴有热效应，移走反应热量的常用方法有夹套冷却法、内蛇管冷却法、夹套内蛇管兼用冷却法等。

（2）防止搅拌中断。生产过程中，对能引发火灾爆炸事故的生产设施，为防止停电、机械故障等引起的搅拌中断，可采取双路供电、增设人工搅拌装置等措施防止搅拌中断。

（3）正确选用传热介质。生产过程中，为了防止结疤引发事故，除了定期清洗除垢、测量壁厚外，最好不用加热方式而用加酸、加盐或吸附等方式分离。

2. 投料控制

化工装置投料过程中应严格控制投料速度、投料配比、投料顺序、原料纯度和副反应。

3. 紧急情况下的停车处理

生产中若发生停电、停气、停水等紧急情况时，生产装置就必须进行紧急停车处理。企业要经常性地开展事故应急演练，提高应对突发事故的本领。

## 三、可燃气体检测

### （一）可燃气体探测仪分类

按照其工作原理，可燃气体探测仪分为催化燃烧式可燃气体探测仪（图 4–1）和红外吸收式可燃气体探测仪（图 4–2）两种。催化燃烧式可燃气体探测器是利用难熔金属铂丝加热后的电阻变化来测定可燃气体浓度。当可燃气体进入探测器时，在铂丝表面引起氧化反应（无焰燃烧），其产生的热量使铂丝的温度升高，导致铂丝的电阻率发生变化。红外光学吸收式是利用红外传感器对红外线光源的吸收原理来检测现场环境的烷烃类可燃气体。

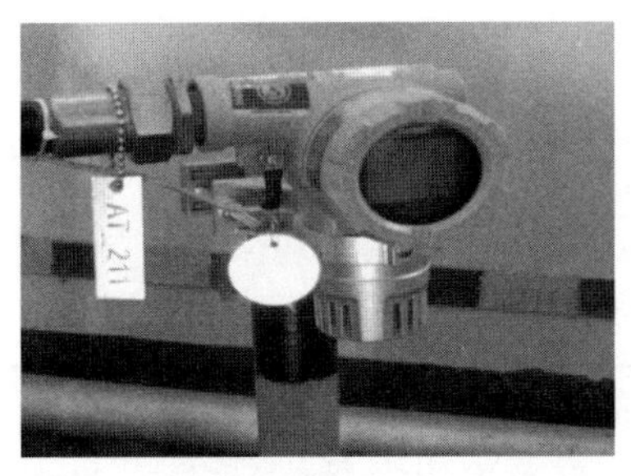


图 4-1 催化燃烧式可燃气体探测仪

图 4-2 红外吸收式可燃气体探测仪

## （二）相关标准要求

1.《石油天然气工程可燃气体检测报警系统安全规范》（SY/T 6503—2016）的规定

（1）该标准第 5.3.2 条 a）规定：封闭场所检测器与释放源的距离不宜大于 7.5m。

（2）该标准第 5.3.2 条 b）规定：当可燃气体比空气重时，其安装高度应距地面或不透风楼地 / 底板 0.3～0.6m。

（3）该标准第 6.2.2 条 a）规定：烃类可燃气体可选用催化燃烧式可燃气体探测仪或红外吸收式可燃气体探测仪。

（4）该标准第 10.1.2 条规定：产品达到使用寿命时一般应报废。若继续使用，应对所有达到使用寿命的产品每年逐一按标准检测要求进行检测，并进行系统性能测试，检测结果应合格。

（5）该标准第 8.2 条规定：应对可燃气体检测报警系统进行定期检查，做好检查记录，必要时进行维护。

（6）该标准第 8.2.1 条规定：每周应对报警器自检试验一次，检查指示系统运行状况。

（7）该标准第 8.2.2 条规定：每两周进行一次外观检查，项目包括：连接部位、可动部件、显示部分和控制旋钮，故障灯、检测器防爆密封件和紧固件、检测器部件是否堵塞、检测器防护罩。

2.《可燃气体检测报警器》（JJG 693—2011）的规定

该标准第 5.2.2.1 条规定：气体标准物质为采用与仪器所测气体种类相同的气体标准物质，如氢、甲烷……若仪器未注明所测气体种类，可以采用异丁烷或者丙烷气体标准物质。

3.《石油化工可燃气体和有毒气体检测报警设计标准》（GB/T 50493—2019）的规定

该标准第 6.2.1 条规定：可燃气体和有毒气体检测报警系统人机界面应安装在操作人员常驻的控制室等建筑内。

### （三）油田油气场站可燃气体探测仪

油田各油气站场火气系统探测仪主要是可燃气体探测仪和硫化氢探测仪，塔里木油田部分站场设有火焰探测仪和二氧化硫探测仪，合计 5657 台，见表 4-1。

**表 4-1　塔里木油田油气站场火气探测仪统计**　（单位：台）

| 可燃气体探测仪 | 硫化氢探测仪 | 火焰探测器 | 室内火灾探测器 | 二氧化硫探测器 | 合计 |
|---|---|---|---|---|---|
| 3382 | 1298 | 376 | 571 | 30 | 5657 |

# 第三节　防雷防静电安全技术

## 一、静电的危害与防护

### （一）静电的危害

（1）可能引起爆炸和火灾。静电的能量虽然不大，但因其电压很高且易放电，出现静电火花。

（2）可能产生电击。静电产生的电击虽然不会致人死亡，但是往往会导致二次事故，因此也要加以防范。

（3）可能影响生产。在生产中，静电有可能会影响仪器设备的正常运行或降低产品的质量。此外，静电还会引起电子自动元件的误操作。

### （二）静电产生的原因

石油石化装置现场静电产生的原因通常有以下几种：

（1）加油速度过快。

（2）油中含水作业。

（3）油罐采样、检尺、测温。

（4）油罐顶部喷溅式装油。

（5）过滤器材质起电过高。

（6）使用塑料桶装油。

（7）油罐不接地或接地不良。

（8）使用绝缘管装油。

（9）油罐内有孤立导体、金属突出物。

（10）粉尘喷射。

（11）人体感应静电等。

## （三）防止静电的措施

### 1. 装入液体石油产品的储罐防静电

储罐装入液体石油产品时，应做到：

（1）严禁从储罐上部注入甲、乙类液体。

（2）进入储罐的油品流速：对于电导率低于 50pS/m 的液体石油产品，在注入口未浸没前，初始流速不应大于 1m/s；当注入口浸没后，可逐步提高流速，但不应大于 7m/s。如果采用油品管道静电消除器、防静电剂等其他有效防静电措施，可不受上述限制。液体石油产品中含水量在 0.5%～5% 时，进罐流速不得超过 1m/s。

（3）储罐在装卸液体石油产品作业后，均应经过一定的静置时间，方可进行检尺、测温、采样等作业。静置时间详见表 4–2。

**表 4–2 储罐装卸石油产品静置时间**

| 液体电导率 S/m | 液体容积，$m^3$ | | | |
|---|---|---|---|---|
| | ＜10 | 10～50（不含） | 50～5000（不含） | ≥5000 |
| ＞$10^{-8}$ | 1h | 1h | 1h | 2h |
| $10^{-12}$～$10^{-8}$ | 2h | 3h | 20h | 30h |
| $10^{-14}$～＜$10^{-12}$ | 4h | 5h | 60h | 120h |
| ＜$10^{-14}$ | 10h | 15h | 120h | 240h |

注：若容器内设有专用量槽时，则按液体容积小于 $1\times10^3m^3$ 取值。

### 2. 储罐清洗作业防静电

储罐清洗作业，应符合下列要求：

（1）作业前，必须把引入储罐的空气、水及蒸汽管线的喷嘴等金属部件做可靠电气连接并接地。

（2）风管、蒸汽胶管应采用能导出静电的材质，严禁使用绝缘管。

（3）当油气浓度超过爆炸下限值的 10% 时，严禁使用压缩空气、喷射蒸汽及高压水枪进行清洗作业。

（4）使用液体喷洗储罐或其他容器时，压力不得大于 0.98MPa。

（5）严禁使用汽油、苯类等易燃溶剂对设备、器具进行吹扫和清洗。

### 3. 铁路栈台防静电

铁路栈台防静电要求应符合《液体石油产品静电安全规程》（GB 13348—2009）的相关规定，且满足以下条件：

（1）铁路槽车装油时，鹤管应放入到罐的底部。鹤管出口与槽车的底部距离不应大于 200mm。铁路槽车装油速度宜满足：

$$vD \leqslant 0.8$$

式中　$v$——油品流速，m/s；

$D$——鹤管直径，m。

（2）装油完毕，应静置不少于2min，再进行提取鹤管、采样、测温、检尺、拆除地线等工作。

（3）铁路油品装卸设施的钢轨、输油管道、鹤管、钢栈桥等应做等电位跨接并接地，两组跨接点的间距不应大于20m，每组接地电阻不应大于10Ω。

（4）栈台应设专用槽车静电接地线，静电接地线与槽车的连接应符合下列要求：

——接地连接工作应在打开盖之前完成。

——静电接地线与槽车连接点距槽车口应大于1.5m。

——在达到静置时间，且关上盖后方可拆除连接。

4. 防止人体静电的危害

（1）爆炸危险场所作业人员应穿防静电工作服与防静电工作鞋。防静电工作服、防静电工作鞋应由有检测资质的单位进行检测，合格后方可着装。

（2）泵房的门外、油罐的上罐扶梯入口、油罐采样口处（距采样口不少于1.5m）、装卸作业区内操作平台的扶梯入口及悬梯口处、装置区入口处、装置区采样口处等危险作业场所应设置本安型人体静电消除器。本安型人体静电消除器的电荷转移量不得大于0.1μC。本安型人体静电消除器应由有检测资质的单位进行检测，合格后允许用于现场。

5. 静电接地

1）必须接地的部位

（1）装在设备内部而通常从外部不能进行检查的导体。

（2）装在绝缘物体上的金属部件。

（3）与绝缘物体同时使用的导体。

（4）被涂料或粉体绝缘的导体。

（5）容易腐蚀而造成接触不良的导体。

（6）在液面上悬浮的导体。

2）静电接地系统的接地电阻

（1）静电接地系统静电接地电阻值不应大于$1\times10^{8}$Ω。专设的静电接地体的对地电阻不应大于100Ω，在山区等土壤电阻率较高的地区，其对地电阻也不应大于1000Ω。

（2）当其他接地装置兼作静电接地时，其接地电阻应根据该接地装置的要求确定。

（3）防静电接地装置每年应进行一次检测。

3）静电接地的连接

（1）接地端子与接地支线连接，应采用下列方式：

——固定设备宜用螺栓连接。

——有振动、位移的物体，应采用挠性线连接。

——移动式设备及工具，应采用电池夹头、鳄式夹钳、专用连接夹头等器具连接。

（2）静电接地的连接应满足下列要求：

——当采用搭接焊连接时，其搭接长度必须是扁钢宽度的两倍或圆钢直径的六倍。

——当采用螺栓连接时，其金属接触面应去锈、除油污，并加防松螺帽或防松垫片。

——当采用电池夹头、鳄式夹钳等器具连接时，有关连接部位应去锈、除油污。

## 二、雷电的危害与防护

### （一）雷电的危害

雷电的危害一般分为两类：一是雷直接击打在建筑物上发生热效应作用和电动力作用；二是雷电的二次作用，即雷电流产生的静电感应和电磁感应。雷电的具体危害表现如下：

（1）雷电流高压效应会产生高达数万伏甚至数十万伏的冲击电压，如此巨大的电压瞬间冲击电气设备，足以击穿绝缘使设备发生短路，导致燃烧、爆炸等直接灾害。

（2）雷电流高热效应会放出几十至上千安的强大电流，并产生大量热能，在雷击点的热量会很高，可导致金属熔化，引发火灾和爆炸。

（3）雷电流机械效应主要表现为被雷击物体发生爆炸、扭曲、崩溃、撕裂等现象导致财产损失和人员伤亡。

（4）雷电流静电感应可使被击物导体感生出与雷电性质相反的大量电荷，当雷电消失来不及流散时，即会产生很高电压发生放电现象从而导致火灾。

（5）雷电流电磁感应会在雷击点周围产生强大的交变电磁场，其感生出的电流可引起变电器局部过热而导致火灾。

（6）雷电波的侵入和防雷装置上的高电压对建筑物的反击作用也会引起配电装置或电气线路断路而燃烧导致火灾。

### （二）生产装置防雷基本要求

（1）生产装置区内的各种罐、塔、容器及其他设备若其顶部金属厚度大于4mm，可不设避雷针（线）。

（2）生产装置区内的各种设备必须进行防雷接地，其防雷接地点不得少于两处，间距不宜大于18m（30m）。防雷接地的冲击电阻值不得大于10Ω。

（3）架空金属管道在进出生产装置处，应与防雷电感应的接地装置相连。距离生产装置100m内的管道，应每隔25m左右接地一次，其冲击接地电阻不应大于10Ω，并宜利用金属支架或钢筋混凝土支架的焊接、绑扎钢筋网作为引下线，其钢筋混凝土基础宜作为接地装置。

（4）装置区内的可燃性气体放空管路必须装设避雷针，避雷针的保护范围应根据放空管排放气体的压力和气体的相对密度来确定其水平距离和垂直高度。

（5）装置区内各防雷接地引下线必须设计断接卡，接地断接卡必须暴露在明处，不得埋入水泥中或地下，断接卡必须用两个 M12 的螺栓连接并固定。断接卡与接地线不得水平放置在地面上，断接卡距地面高度为 0.3～1.8m，断接卡的接触电阻值不得大于 0.03Ω。

（6）引下线宜采用圆钢或扁钢，圆钢直径不应小于 8mm，扁钢截面不应小于 48mm$^2$，其厚度不应小于 4mm。

（7）装置区内的各种接地必须进行等电位连接。

（8）生产装置区内法兰、阀门的连接处应设金属跨接线，其跨接接触电阻值不大于 0.03Ω。当法兰用 5 根以上螺栓连接时，法兰可不用金属线跨接，但必须构成电气通路，其法兰间的电阻值不大于 0.03Ω。

（9）电机应有重复保护接地。

### （三）油罐区、天然气罐区等易燃石油产品储存罐区防雷

（1）油罐、液化气球罐及其他装有可燃液体与气体的钢罐，必须做环形防雷接地，其接地点不应小于两处，接地沿罐周长的间距，不宜大于 18m。罐的接地电阻不宜大于 10Ω。

（2）装有阻火器的地上固定顶钢罐，当顶板厚度不小于 4mm 时，可不装设避雷针（线）；当顶板厚度小于 4mm 时，应装设避雷针（线）。避雷针（线）的保护范围应包括整个油罐。

（3）没有阻火器的地上固定顶钢罐，必须安装阻火器。若安装阻火器困难，则可装设避雷针（线），但必须按要求的规定进行。

（4）浮顶油罐或内浮顶油罐可不装设避雷针（线），但应将外浮顶浮盘与罐体用两根截面不小于 50mm$^2$ 的软铜绞线做电气连接，内浮顶浮盘与罐体用两根截面不小于 16mm$^2$ 的软铜绞线做电气连接。连接线的两端必须分别与浮盘和罐体紧密连接，其连接处的接触电阻不应大于 0.03Ω。

（5）可燃液体与气体的钢罐，防雷接地引下线上必须设有断接卡。接地断接卡必须暴露在明处，不得埋入水泥中或地下，断接卡必须用两个 M12 的不锈钢螺栓连接并固定。断接卡与接地线不得水平放置在地面上，断接卡距地面高度为 0.3～1.0m，断接卡的接触电阻值不得大于 0.03Ω。

（6）罐区内的法兰、阀门的连接处应设金属跨接线，其跨接接触电阻值不大于 0.03Ω。当法兰用 5 根以上螺栓连接时，法兰可不用金属线跨接，但必须构成电气通路，其法兰间的电阻值不大于 0.03Ω。

（7）地上钢罐的温度、液位等测量装置，应采用铠装电缆或钢管配线。电缆外皮或配线钢管与罐体应做电气连接。

（8）覆土油罐的罐体及罐室的金属构件及呼吸阀、安全阀、量油孔等金属附件，应做电气连接并接地，接地电阻不应大于 10Ω。

# 第四节 化工生产安全技术 ※

## 一、工艺安全管理（PSM）※

工艺安全管理（PSM，Process Safety Management）是通过对化工工艺危害和风险的识别、分析、评价和处理，从而避免与化工工艺相关的伤害和事故的管理流程。国家安监总局在 2010 年 9 月 6 日发布《化工企业工艺安全管理实施导则》（AQ/T 3034—2010），于 2011 年 5 月 1 日起实施。其中将工艺安全管理（PSM）划分为工艺安全信息、工艺危害分析、操作规程、培训、承包商管理、试生产前安全审查、机械完整性、作业许可、变更管理、应急管理、工艺事故 / 事件管理、符合性审核 12 个要素。其相关标准和要求参照塔里木油田 QHSE 管理手册。

## 二、油田涉及重点监管危险化工工艺安全技术 ※

### （一）合成氨工艺

氮和氢两种组分按一定比例（1∶3）组成的气体（合成气），在高温、高压下（一般为 400～450℃，15～30MPa）经催化反应生成氨的工艺过程。

1. 反应类型

反应类型为吸热反应。

2. 重点监控单元

重点监控单元为合成塔、压缩机、氨储存系统。

3. 工艺危险特点

（1）高温、高压使可燃气体爆炸极限扩宽，气体物料一旦过氧（亦称透氧），极易在设备和管道内发生爆炸。

（2）高温、高压气体物料从设备管线泄漏时会迅速膨胀与空气混合形成爆炸性混合物，遇到明火或因高流速物料与裂（喷）口处摩擦产生静电火花引起着火和空间爆炸。

（3）气体压缩机等转动设备在高温下运行会使润滑油挥发裂解，在附近管道内造成积炭，可导致积炭燃烧或爆炸。

（4）高温、高压可加速设备金属材料发生蠕变、改变金相组织，还会加剧氢气、氮气对钢材的氢蚀及渗氮，加剧设备的疲劳腐蚀，使其机械强度减弱，引发物理爆炸。

（5）液氨大规模事故性泄漏会形成低温云团引起大范围人群中毒，遇明火还会发生空间爆炸。

4. 重点监控工艺参数

合成塔、压缩机、氨储存系统的运行控制参数包括，温度、压力、液位、物料流量及比例等。

5. 安全控制的基本要求

安全控制基本要求包括：合成氨装置温度，压力报警和联锁，物料比例控制和联锁，压缩机的温度，入口分离器液位、压力报警联锁，紧急冷却系统，紧急切断系统，安全泄放系统，可燃、有毒气体检测报警装置。

6. 宜采用的控制方式

将合成氨装置内温度、压力与物料流量、冷却系统形成联锁关系，将压缩机温度、压力、入口分离器液位与供电系统形成联锁关系，紧急停车系统。合成单元自动控制还需要设置以下几个控制回路：

（1）氨分、冷交液位。

（2）废锅液位。

（3）循环量控制。

（4）废锅蒸汽流量。

（5）废锅蒸汽压力。

（6）安全设施，包括安全阀、爆破片、紧急放空阀、液位计、单向阀及紧急切断装置等。

## （二）裂解（裂化）工艺

裂解是指石油系的烃类原料在高温条件下，发生碳链断裂或脱氢反应，生成烯烃及其他产物的过程。产品以乙烯、丙烯为主，同时副产丁烯、丁二烯等烯烃和裂解汽油、柴油、燃料油等产品。烃类原料在裂解炉内进行高温裂解，产出组成为氢气、低/高碳烃类、芳烃类及馏分为288℃以上的裂解燃料油的裂解气混合物。经过急冷、压缩、激冷、分馏及干燥和加氢等方法，分离出目标产品和副产品。

在裂解过程中，同时伴随缩合、环化和脱氢等反应。由于所发生的反应很复杂，通常把反应分成两个阶段。第一阶段，原料变成的目的产物为乙烯、丙烯，这种反应称为一次反应。第二阶段，一次反应生成的乙烯、丙烯继续反应转化为炔烃、二烯烃、芳烃、环烷烃，甚至最终转化为氢气和焦炭，这种反应称为二次反应。

裂解产物往往是多种组分混合物。影响裂解的基本因素主要为温度和反应的持续时间。化工生产中用热裂解的方法生产小分子烯烃、炔烃和芳香烃，如乙烯、丙烯、丁二烯、乙炔、苯和甲苯等。

1. 反应类型

反应类型为高温吸热反应。

2. 重点监控单元

重点监控单元为裂解炉、制冷系统、压缩机、引风机、分离单元。

3. 工艺危险特点

（1）在高温（高压）下进行反应，装置内的物料温度一般超过其自燃点，若漏出会引起火灾。

（2）炉管内壁结焦会使流体阻力增加，影响传热，当焦层达到一定厚度时，因炉管壁温度过高，而不能继续运行下去，必须进行清焦，否则会烧穿炉管，裂解气外泄，引起裂解炉爆炸。

（3）如果由于断电或引风机机械故障而使引风机突然停转，则炉膛内很快变成正压，会从窥视孔或烧嘴等处向外喷火，严重时会引起炉膛爆炸。

（4）如果燃料系统大幅度波动，燃料气压力过低，则可能造成裂解炉烧嘴回火，使烧嘴烧坏，甚至会引起爆炸。

（5）有些裂解工艺产生的单体会自聚或爆炸，需要向生产的单体中加阻聚剂或稀释剂等。

4. 重点监控工艺参数

重点监控工艺参数为：裂解炉进料流量、裂解炉温度、引风机电流、燃料油进料流量、稀释蒸汽比及压力、燃料油压力、滑阀差压超驰控制、主风流量控制、外取热器控制、机组控制、锅炉控制等。

5. 安全控制的基本要求

安全控制的基本要求包括：裂解炉进料压力，流量控制报警与联锁，紧急裂解炉温度报警和联锁，紧急冷却系统，紧急切断系统，反应压力、压缩机转速及入口放火炬控制，再生压力的分程控制，滑阀差压与料位，温度的超驰控制，再生温度与外取热器负荷控制，外取热器汽包和锅炉汽包液位的三冲量控制，锅炉的熄火保护，机组相关控制，可燃与有毒气体检测报警装置等。

6. 宜采用的控制方式

（1）将引风机电流与裂解炉进料阀、燃料油进料阀、稀释蒸汽阀之间形成联锁关系，一旦引风机故障停车，则裂解炉自动停止进料并切断燃料供应，但应继续供应稀释蒸汽，以带走炉膛内余热。

（2）将燃料油压力与燃料油进料阀、裂解炉进料阀之间形成联锁关系，燃料油压力降低，则切断燃料油进料阀，同时切断裂解炉进料阀。

（3）分离塔应安装安全阀和放空管，低压系统与高压系统之间应有逆止阀并配备固

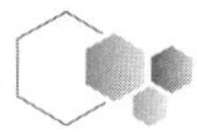


定的氮气装置、蒸汽灭火装置。

（4）将裂解炉电流与锅炉给水流量、稀释蒸汽流量之间形成联锁关系；一旦水、电、蒸汽等公用工程出现故障，裂解炉能自动紧急停车。

（5）反应压力正常情况下由压缩机转速控制，开工及非正常工况下由压缩机入口放火炬控制。

（6）再生压力由烟机入口蝶阀和旁路滑阀（或蝶阀）分程控制。

（7）再生、待生滑阀正常情况下分别由反应温度信号和反应器料位信号控制，一旦滑阀差压出现低限，则转由滑阀差压控制。

（8）再生温度由外取热器催化剂循环量或流化介质流量控制。

（9）外取热汽包和锅炉汽包液位采用液位、补水量和蒸发量三冲量控制。

（10）带明火的锅炉设置熄火保护控制。

（11）大型机组设置相关的轴温、轴震动、轴位移、油压、油温、防喘振等系统控制。

（12）在装置存在可燃气体、有毒气体泄漏的部位设置可燃气体报警仪和有毒气体报警仪。

### （三）加氢工艺

加氢是在有机化合物分子中加入氢原子的反应，涉及加氢反应的工艺过程为加氢工艺，主要包括不饱和键加氢、芳环化合物加氢、含氮化合物加氢、含氧化合物加氢、氢解等。

1. 反应类型

反应类型为放热反应。

2. 重点监控单元

重点监控单元为加氢反应釜、氢气压缩机。

3. 工艺危险特点

（1）反应物料具有燃爆危险性，氢气的爆炸极限为4%～75%，具有高燃爆危险特性。

（2）加氢为强烈的放热反应，氢气在高温高压下与钢材接触，钢材内的碳分子易与氢气发生反应生成碳氢化合物，使钢制设备强度降低，发生氢脆。

（3）催化剂再生和活化过程中易引发爆炸。

（4）加氢反应尾气中有未完全反应的氢气和其他杂质在排放时易引发着火或爆炸。

4. 重点监控工艺参数

重点控制工艺参数包括：加氢反应釜或催化剂床层温度、压力，加氢反应釜内搅拌速率，氢气流量，反应物质的配料比，系统氧含量，冷却水流量，氢气压缩机运行参数，加氢反应尾气组成等。

5. 安全控制的基本要求

安全控制的基本要求包括：温度和压力的报警和联锁，反应物料的比例控制和联锁系统，紧急冷却系统，搅拌的稳定控制系统，氢气紧急切断系统，加装安全阀、爆破片等安全设施，循环氢压缩机停机报警和联锁，氢气检测报警装置等。

6. 宜采用的控制方式

将加氢反应釜内温度、压力与釜内搅拌电流、氢气流量、加氢反应釜夹套冷却水进水阀形成联锁关系，设立紧急停车系统。加入急冷氮气或氢气的系统。当加氢反应釜内温度或压力超标或搅拌系统发生故障时自动停止加氢，泄压，并进入紧急状态。

## 三、化工装置开停工管理要求

《炼化企业装置开停工管理规定》于 2006 年 9 月下发，对装置正常开停工（按计划、指令预先安排的停工和开工）和紧急停工（生产装置异常情况下的被迫停工）进行了明确要求。

### （一）管理职责和要求

（1）地区分公司主管生产的副总经理负责地区分公司级开停工文件的签发和组织实施。地区分公司生产运行部门是生产装置开停工组织实施的具体责任部门。

（2）地区分公司下属厂生产副厂长负责厂级生产装置开停工文件的审查和组织实施。厂生产运行部门是生产装置开停工组织实施的具体责任部门。

（3）车间（装置）主任负责组织生产装置开停工规程的编写和开停工过程的实施。

（4）开停工文件包括装置开停工审批单、技术方案和操作规程。

① 地区分公司级开停工：车间（装置）填报开停工审批单，并附操作规程和必要的技术方案，由地区分公司相关专业管理部门审核，地区分公司主管生产副总经理批准。

② 厂级开停工：车间（装置）填报开停工审批单，并附操作规程和必要的技术方案，厂生产运行部门负责人批准。下属厂生产副厂长应到现场监督协调，有关专业部门进行专业管理。

### （二）装置开工条件确认

1. 装置开工

装置开工必须进行条件确认。确认程序为：

（1）生产装置开工前，首先由车间（装置）组织内部验收，合格后，向地区分公司（厂）生产运行部门提出开工条件确认申请。

（2）地区分公司（厂）生产运行部门组织相关部门对开工条件进行进一步确认，并履行签字确认手续。

（3）确认合格后，车间（装置）根据地区分公司（厂）生产运行部门的开工安排组织开工。

2. 正常开工条件确认

正常开工条件确认内容包括：

（1）开工领导小组已成立，各级管理、技术、操作人员达到任职上岗条件。

（2）工艺技术规程、开工规程、安全环保预案等技术资料、管理制度齐全。

（3）装置开工所需的原料、燃料、三剂、化学药品、标准样品、备品配件、润滑油（脂）等种类、数量满足，并按照要求装填到位。

（4）安全、工业卫生、消防、气防、救护、通信、劳动保护等器材、设施配备到位，完好备用；岗位工器具已配齐；保运工作已落实；巡检路线及标牌已设置。

（5）检维修后的设备恢复完毕；容器、管线等设备检验合格，并有相关记录。

（6）设备、管线吹扫试压试漏合格，转动设备完好备用；装置盲板管理责任落实。

（7）安全环保设施（安全阀、压力表、可燃气体报警仪、硫化氢报警仪等）安装完毕，检验合格并投用；装置下水系统完好；有毒有害化学品存放及防护情况良好；开工中可能出现的退油、不合格品、“三废”及污染物等非正常状况下的环保应急设施达到正常运行水平。

（8）仪表系统、各类联锁自保系统调试完毕，具备投用条件；能源计量表启用；设备标志、管道流向标志齐全、准确。

（9）电气设备调试合格，具备送电条件。

（10）取样设施完好，化验分析准备就绪。

（11）施工现场清理干净，装置区施工临时设施已拆除，设备、管线保温基本结束。

（12）公用工程、油品储运、火炬系统等外部保障条件确认完好。

（13）装置通过由地区分公司组织的安全风险评估。

3. 新建、改扩建装置首次开工

新建、改扩建装置首次开工必须执行中国石油天然气股份有限公司有关规定。新建、改扩建装置开工前必须进行风险评价，确定相应的风险控制和消减措施。

### （三）装置停工状态确认

1. 装置停工状态确认

装置停工必须进行状态确认，确认程序为：

（1）生产装置正常停工后，首先由车间组织内部状态确认，合格后向地区分公司（厂）安全主管部门提出停工状态确认申请。

（2）地区分公司（厂）安全部门组织相关部门对停工装置进行进一步状态确认，并履行签字确认手续。

2. 正常停工状态确认

正常停工状态确认内容包括：

（1）按停工规程将工艺管道、塔、容器、加热炉、机泵、换热器等设备内部介质全部退净，并按规程要求完成相应的吹扫、热水蒸煮、水顶线、酸碱中和、化学清洗、氮气置换、空气置换等处理，管道设备吹扫置换干净，“三废”及噪声排放做到有效处理，达到规定标准。

（2）必须按隔离方案完成交检装置与公共系统及其他装置彻底隔离。隔离方案中盲板表与现场一致，加盲板部位必须设有“盲板禁动”标志，指定专人负责盲板管理。

（3）装置隔油池、污水池要在停工交检前将所有污油清出，污水排空。装置内污水井进行封闭，出装置污水与外界隔离。有条件的对装置内污水线要在停工交检前进行处理。装置地漏要在停工交检前进行封堵。

（4）FeS 等自燃物、易燃易爆危险品需制订专项方案进行专门处理，采取防护措施，并完成专项安全检查。

（5）装置地面、设备、平台、管道外表面无油污、杂物和易脱落的保温铁皮等。装置内及周边无任何油桶、化学药剂及停工排放物和工业、生活垃圾。

（6）装置消防、安全设施完好备用。灭火器、空气呼吸器、防毒防烫、防尘物品齐全完好，蒸汽胶管、水带摆放整齐并随时可以投用。

（7）有限空间作业、动火作业、高空作业等安全环保专项方案制订完毕。

（8）装置通过由地区分公司组织的安全风险评估。

### （四）装置紧急停工及恢复运行的管理

装置临时发生较大的操作波动或异常情况下，按照事故处理预案退守到工艺、设备和人员安全的稳定状态，防止发生事故。装置退守到稳定状态后，由车间对装置操作波动或异常原因进行分析，初步确认是否具备恢复条件，并报上级主管部门。具备恢复条件则按开工规程恢复运行，否则按停工规程做进一步停工处理。装置紧急停工后，必须对装置进行全面分析、检查和问题处理，消除工艺、设备安全运行、环保隐患，按开工管理要求恢复生产。杜绝问题处理不彻底导致装置反复发生非计划停工的现象。

# 第五节 化工机械设备安全 ※

## 一、锅炉安全技术

### （一）锅炉的安全装置

锅炉的安全装置，是指保证锅炉安全运行而装设在设备上的一种附属装置，又称安全附件。其中安全阀、压力表和水位表被称为锅炉的三大安全附件。

1. 安全阀

安全阀的作用是当锅炉压力超过预定的数值时，安全阀自动开启，排汽泄压，当压力降到允许值后，安全阀又能自行关闭，使锅炉在允许的压力范围内运行。

1）安全阀的种类

工业锅炉上通常装设的安全阀有三种：弹簧式安全阀、杠杆式安全阀和静重式安全阀。

2）安全阀的选用

弹簧式安全阀主要用于低压（压力不大于2.5MPa）锅炉，考虑到弹簧的滞后作用，所以锅炉选用弹簧式安全阀应是全启式；杠杆式安全阀一般多用于中压（压力为2.9～4.9MPa）锅炉；对于高压及以上的锅炉，多采用控制式安全阀，如脉冲式、气动式、液动式和电磁式等。额定蒸汽压力小于或等于0.1MPa锅炉可以采用静重式安全阀。

3）安全阀的维护

（1）经常保持安全阀的清洁，防止阀体弹簧等被污垢所粘满或被锈蚀，防止安全阀排气管被异物堵塞。

（2）经常检查安全阀的铅封是否完好，检查杠杆式安全阀的重锤是否有松动、被移动及吊挂重物的现象。

（3）发现安全阀有渗漏迹象时，应及时进行更换或检修。禁止用增加载荷的方法（例如，加大弹簧的压缩量或移动重锤、加挂重物等）减除阀的泄漏。

（4）为了防止安全阀的阀瓣和阀座被水垢、污物粘住或堵塞，应定期对安全阀做手动排放试验。

2. 压力表

压力表是显示锅炉汽水系统压力大小的仪表。严密监视锅炉受压元件的承压情况，把压力控制在允许的压力范围之内，是锅炉实现安全运行的基准条件和基本要求。

1）压力表的选用

（1）压力表的精度主要取决于锅炉的工作压力。

（2）压力表的量程应与锅炉的工作压力相适应。

（3）压力表的表盘直径应保证司炉人员能清楚地看到压力指示值。

2）压力表的维护

（1）压力表应保持洁净，表盘上的玻璃应明亮清晰，使表盘内指针指示的压力值能清楚易见。

（2）压力表的连接管要定期吹洗，以免堵塞。

（3）经常检查压力表指针的转动和波动是否正常；检查压力表的连接管是否有漏水、漏气的现象。

压力表一般每半年至少校验一次。校验应符合国家计量部门的有关规定。压力表校验后应封印，并注明下次的校验日期。

3. 水位表

水位表是用来显示锅筒（锅壳）内水位高低的仪表。锅炉操作人员可以通过水位表观察并相应调节水位，防止发生锅炉缺水或满水事故。

1）水位表的型式及适用范围

水位表的结构型式有很多种，蒸汽锅炉上通常装设较多的是玻璃管式和玻璃板式两种。上锅筒位置较高的锅炉还应加装远程水位显示装置，日前使用得较多的远程水位显示装置是低地位水位表。

2）水位表的安全技术要求

（1）一般每台锅炉至少应装两个彼此独立的水位表。水位表的结构和装置应符合下列要求：

① 在水位表和锅筒之间的汽水连接管上，应装有阀门。阀门在锅炉运行中必须处于全开的位置。

② 水位表和锅筒之间的汽水连接管，内径应符合规定要求，以保证水位表灵敏准确。

③ 连接管应尽可能地短，以减小连接管的阻力。

④ 阀门的流道直径及玻璃管的内径都不得小于 8mm。

（2）水位表要有下列标志和防护装置：

① 水位表应有指示最高、最低安全水位和正常水位的明显标志。

② 玻璃管式水位表应有防护装置（如保护罩、快关阀等），但不得妨碍观察真实水位。

③ 水位表应有放水阀门和接到安全地点的放水管。

3）水位表的维护

（1）经常保持水位表清洁明亮，使操作人员能清晰地观察到其显示的水位。

（2）经常冲洗水位表。

（3）水位表的汽、水旋塞和放水旋塞应保证严密不漏。

### （二）锅炉安全运行与管理

（1）锅炉一般应装在单独建造的锅炉房内，与其他建筑物的距离符合安全要求。锅炉房每层至少应有两个出口，分别设在两侧。锅炉房通向室外的门应向外开，在锅炉运行期间不准锁住或闸住，锅炉房内工作室或生活室的门应向内开。

（2）使用锅炉的单位必须办理锅炉使用登记手续，并设专职或兼职管理人员负责锅炉房安全管理工作。司炉工人、水质化验人员必须经培训考核，持证上岗。建立健全各项规章制度（如岗位责任制、交接班制度、安全操作规程、巡回检查制度、设备维护保养制度、水质管理制度、清洁卫生制度等），建立锅炉技术档案，做好各项记录。

（3）通过加强对设备的日常维护保养和定期检验，提高设备完好率。

① 在锅炉运行过程中，应不定期地查看锅炉的安全附件是否灵敏可靠、辅机运行是否正常和本体的可见部分有无明显缺陷。

② 每两年对运行的锅炉进行一次停炉内外部检验，重点检验锅炉受压元件有无裂纹、腐蚀、变形、磨损，各种阀门、胀孔，铆缝处是否有渗漏，安全附件是否正常、可靠，自动控制、信号系统及仪表是否灵敏可靠等。

③ 每六年对锅炉进行一次水压试验，检验锅炉受压元件的严密性和耐压强度。新装、迁装、停用一年以上需恢复运行的锅炉，以及受压元件经过重大修理的锅炉，也应进行水压试验。水压试验前，应进行内外部检验。

（4）保证锅炉经济运行。在锅炉运行过程中，必须定期对其运行情况（运行热力参数）进行全面的监测，了解各项热损失的大小，及时调整燃烧情况，将各项热损失降至最低。

## 二、压力容器安全技术

压力容器是一种能承受压力载荷的密闭容器。其主要作用是储存、运输有压力的气体或液化气体，或者为这些流体的传热、传质反应提供一个密闭的空间。

### （一）压力容器的安全附件

压力容器的安全附件，包括直接连接在压力容器上的安全阀、爆破片装置、紧急切断装置、安全联锁装置、压力表、液位计、测温仪表等。

### （二）压力容器的改造与维修基本要求

（1）压力容器的改造是指改变主要受压元件的结构或者改变压力容器运行参数、盛装介质、用途等，压力容器的重大维修是指主要受压元件的更换、矫形、挖补，以及对接接头焊缝的焊补。

（2）压力容器的改造或者重大维修方案应当经过原设计单位或者具备相应资格的设计单位同意。

（3）压力容器经过改造或者重大维修后，应当保证其结构和强度满足安全使用要求。

（4）压力容器改造、重大维修的施工过程，必须经具有相应资格的特种设备检验检测机构进行监督检验，未经监督检验合格的压力容器不得投入使用。

（5）压力容器内部有压力时，不得进行任何维修。对于特殊的生产工艺过程，需要带温带压紧固螺栓时，或者出现紧急泄漏需要进行带压密封时，使用单位应当按照设计规定提出有效的操作要求和防护措施，并且经过使用单位技术负责人批准。带压密封作业人员应当经过专业培训考核并且持证上岗。在实际操作时，使用单位安全管理部门应当派人进行现场监督。

## （三）压力容器的使用管理

### 1. 压力容器使用登记

压力容器的使用单位，在压力容器投入使用前或者投入使用后30d内，应当按照要求到直辖市或者设区市的质量技术监督部门（以下统称为“使用登记机关”）逐台办理使用登记手续。登记标志的放置位置应当符合有关规定。

### 2. 使用单位的责任

使用单位应当对压力容器的安全管理负责，并且配备具有压力容器专业知识，熟悉国家相关法律、法规、安全技术规范和标准的工程技术人员作为安全管理人员，负责压力容器的安全管理工作。

### 3. 压力容器的安全管理

压力容器使用单位的安全管理工作主要包括以下内容：

（1）建立健全压力容器安全管理制度，制订压力容器安全操作规程。

（2）办理压力容器使用登记，建立压力容器技术档案。

（3）组织开展压力容器安全检查，至少每月进行一次自行检查，并且做好记录。

（4）实施年度检查并且出具检查报告。

（5）向主管部门和当地质量技术监督部门报送当年压力容器数量和变更情况的统计报表，压力容器定期检验计划的实施情况，存在的主要问题及处理情况等。

### 4. 压力容器技术档案

压力容器的使用单位应当逐台建立压力容器技术档案并且由其管理部门统一保管。技术档案的内容应当包括以下内容：

（1）特种设备使用登记证。

（2）压力容器登记卡。

（3）压力容器设计制造技术文件和资料。

（4）压力容器年度检查报告与定期检验报告，以及有关检验的技术文件和资料。

（5）压力容器维修和技术改造的方案、图样、材料质量证明书、施工质量检验技术文件和资料。

（6）安全附件校验、修理和更换记录。

（7）有关事故的记录资料和处理报告。

## （四）压力容器的安全运行

### 1. 作业人员

压力容器的安全管理人员和操作人员应当持有相应的特种设备作业人员证。压力容器使用单位应当对压力容器作业人员定期进行安全教育与专业培训并且做好记录。

2. 压力容器操作规程

压力容器的使用单位，应当在工艺操作规程和岗位操作规程中明确提出压力容器安全操作要求，其内容至少包括以下内容：

（1）操作工艺参数（含工作压力、最高或最低工作温度）。

（2）岗位操作方法（含开车、停车的操作程序和注意事项）。

（3）运行中重点检查的项目和部位，运行中可能出现的异常现象和防止措施，以及紧急情况的处置和报告程序。

3. 日常维护保养

压力容器使用单位应当对压力容器及其安全附件、安全保护装置、测量调控装置、附属仪器仪表进行经常性日常维护保养，对发现的异常情况，应当及时处理并且记录。

4. 年度检查

压力容器使用单位应当实施压力容器的年度检查，年度检查至少包括压力容器安全管理情况检查、压力容器本体及运行状况检查和压力容器安全附件检查等，对年度检查中发现的压力容器安全隐患要及时消除。

年度检查工作可以由压力容器使用单位的专业人员进行，也可以委托有资格的特种设备检验机构进行。

5. 超设计使用年限使用的压力容器

对于已经达到设计使用年限的压力容器，或者未规定设计使用年限，但是使用超过二十年的压力容器，如果要继续使用，使用单位应当委托有资格的特种设备检验检测机构对其进行检验，经过使用单位主要负责人批准后，方可继续使用。

6. 压力容器的采购、停用、过户、移装

使用单位不得采购报废的压力容器。压力容器的停用、过户、移装，应当严格按照检验使用登记的有关规定办理。

### （五）压力容器的定期检验

1. 报检

使用单位应当于压力容器定期检验有效期届满前一个月向特种设备检验机构提出定期检验要求，检验机构接到定期检验要求后，应当及时进行检验。

2. 定期检验周期

压力容器的定期检验是指在压力容器停机时进行的检验和安全状况等级评定。压力容器一般应当于投用后三年内进行首次定期检验。下一次的检验周期，由检验机构根据压力容器的安全状况等级，按照以下要求确定：

（1）安全状况等级为1、2级的，一般每六年一次。

（2）安全状况等级为3级的，一般三至六年一次。

（3）安全状况等级为4级的，应当监控使用，其检验周期由检验机构确定，累计监控使用时间不得超过三年。

（4）安全状况等级为5级的，应当对缺陷进行处理，否则不得继续使用。

（5）压力容器安全状况等级的评定按照《压力容器定期检验规则》（TSG R7001）进行。符合其规定条件的，可以适当缩短或者延长检验周期。

（6）应用基于风险的检验（RBI）技术的压力容器，按照有关标准的要求确定检验周期。

3. 定期检验内容

检验人员应当根据压力容器的使用情况、失效模式制订检验方案。定期检验的方法以宏观检查、壁厚测定、表面无损检测为主，必要时可以采用超声检测、射线检测、硬度测定、金相检验、材质分析、涡流检测、强度校核或者应力测定、耐压试验、声发射检测、气密性试验等。

4. 特殊检验情况的处理

（1）设计图样已经注明无法进行定期检验，由使用单位提出书面说明，报使用登记机关备案。

（2）因情况特殊不能按期进行全面检验的压力容器，由使用单位提出申请并且经过使用单位主要负责人批准，征得原检验机构同意，向使用登记机关备案后，可延期检验，或者由使用单位提出申请，按相关规定办理。

（3）对无法进行定期检验或者不能按期进行定期检验的压力容器，均应当制订可靠的安全保障措施。

## 三、气瓶安全技术

### （一）气瓶的分类

（1）按充装介质的性质分为压缩气体气瓶、液化气体气瓶、溶解气体气瓶。

（2）按制造方法分为钢制无缝气瓶、钢制焊接气瓶、缠绕玻璃纤维气瓶。

（3）按公称工作压力分为高压气瓶和低压气瓶，公称工作压力小于8MPa的为低压气瓶，公称工作压力大于或等于8MPa的为高压气瓶。

### （二）气瓶的颜色和标志

国家标准《气瓶颜色标志》（GB/T 7144）对气瓶的颜色、字样和色环做了严格规定。油田常见气瓶的颜色见表4–3。

表 4-3 油田常见气瓶的颜色

| 序号 | 充装气体名称 | 化学式 | 瓶色 | 字样 | 字色 |
| --- | --- | --- | --- | --- | --- |
| 1 | 氢 | $H_2$ | 淡绿 | 氢 | 大红 |
| 2 | 氧 | $O_2$ | 淡蓝 | 氧 | 黑 |
| 3 | 氮 | $N_2$ | 黑 | 氮 | 淡黄 |
| 4 | 氩 | Ar | 银灰 | 氩 | 深绿 |
| 5 | 乙炔 | $C_2H_2$ | 白 | 乙炔不可近火 | 大红 |
| 6 | 二氧化碳 | $CO_2$ | 铝白 | 液化二氧化碳 | 黑 |
| 7 | 民用液化石油气 |  | 银灰 | 液化石油气 | 大红 |

## （三）气瓶的检验

企业应委托具有气瓶检验资质的机构对气瓶进行定期检验。检验周期要求如下：

（1）盛装腐蚀性气体的气瓶，每两年检验一次。

（2）盛装一般气体的气瓶，每三年检验一次。

（3）盛装惰性气体的气瓶，每五年检验一次。

（4）液化石油气气瓶，对在用的 YSP 118 和 YSP 118-Ⅱ型钢瓶，自钢瓶钢印制造日期起，每三年检验一次；其余型号的钢瓶自制造日期起至第三次检验的检验周期均为四年，第三次检验的有效期为三年。

（5）使用中发现有气瓶腐蚀、损伤或对其安全可靠性有怀疑时，应及时进行检验。

（6）超过检验期限的气瓶，启用前应进行检验。

## （四）气瓶钢印

气瓶钢印是气瓶的“身份证”，代表气瓶的各种信息。常用气瓶中，乙炔气瓶与其余气瓶的制造钢印形式有所区别，如图 4-3 所示，并见表 4-4 和表 4-5。

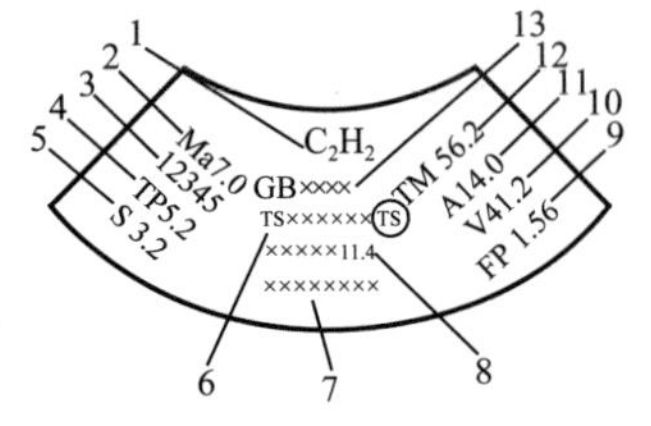


(a) 乙炔气瓶制造钢印信息（表4-4）

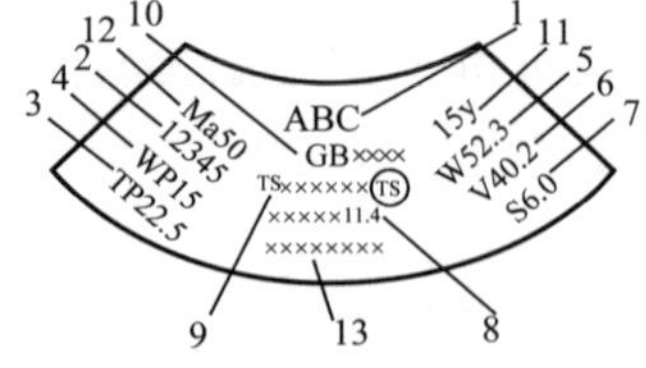


(b) 其余气瓶制造钢印信息（表4-5）

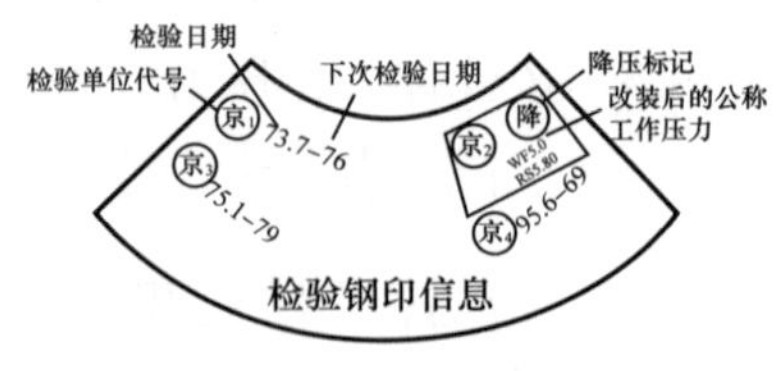


(c) 检验钢印信息

图 4-3 气瓶制造钢印信息及检验钢印信息

**表 4-4 乙炔气瓶制造钢印信息解释**

| 编号 | 钢印形式 | 含义 |
|---|---|---|
| 1 | $C_2H_2$ | 乙炔化学分子式 |
| 2 | Ma7.0 | 最大乙炔量，kg |
| 3 | 12345 | 气瓶编号 |
| 4 | TP5.2 | 瓶体水压试验压力，MPa |
| 5 | S3.2 | 瓶体设计壁厚，mm |
| 6 | TS××××××Ⓣⓢ | 气瓶制造许可证编号和监制钢印 |
| 7 | ×××××××× | 设备代码 |
| 8 | ×××××11.4 | 制造单位代号和制造年月 |
| 9 | FP1.56 | 在基准温度 15℃时的限定压力，MPa |
| 10 | V41.2 | 瓶体实际容积，L |
| 11 | A14.0 | 丙酮标志及丙酮规定充装量，kg |
| 12 | TM56.2 | 皮重，kg |
| 13 | GB×××× | 产品标准号 |

**表 4-5 其余常用气瓶制造钢印信息解释**

| 编号 | 钢印形式 | 含义 |
|---|---|---|
| 1 | ABC | 充装气体名称或化学分子式 |
| 2 | 12345 | 气瓶编号 |
| 3 | TP22.5 | 水压试验压力，MPa |
| 4 | WP15 | 公称工作压力，MPa |
| 5 | W52.3 | 实际重量，kg |
| 6 | V40.2 | 实际容积，L |
| 7 | S6.0 | 瓶体设计壁厚，mm |
| 8 | ××××11.4 | 制造单位代号和制造年月 |
| 9 | TS×××××Ⓣⓢ | 气瓶制造许可证编号和监制钢印 |
| 10 | GB×××× | 产品标准号 |
| 11 | 15y | 设计使用年限 |
| 12 | Ma50 | 液化气体最大充装量，kg |
| 13 | ×××××× | 设备编码 |

## （五）气瓶的安全管理

### 1. 充装安全

为了保证气瓶在使用或充装过程中不因环境温度升高而处于超压状态，必须对气瓶的充装量严格控制。属下列情况之一的，应先进行处理，否则严禁充装。

（1）钢印标记、颜色标记不符规定及无法判定瓶内气体的。

（2）改装不符合规定或用户自行改装的。

（3）附件不全、损坏或不符合规定的。

（4）瓶内无剩余压力的。

（5）超过检验期的。

（6）外观检查存在明显损伤，需进一步进行检查的。

（7）氧化或强氧化性气体沾有油脂的。

（8）易燃气体气瓶的首次充装，事先未经置换和抽空的。

### 2. 储存安全

（1）气瓶的储存单位应按要求建立气瓶档案，档案清晰、完整，及时更新。

（2）气瓶储存场所应保持干燥、通风，防止雨淋、水浸，避免阳光直射。储存场所不能有地沟、暗道，严禁任何管线穿过。

（3）储存可燃、爆炸性气体气瓶的库房内，照明设备必须防爆，同时应设置避雷装置。

（4）气瓶应分类储存。空瓶、实瓶应分开（分室储存）。如氧气瓶、液化石油气瓶，乙炔瓶与氧气瓶、氯气瓶不能同储一室。

（5）气瓶库（储存间）应符合《建筑设计防火规范》（GB 50016），应采用二级以上防火建筑。与明火或其他建筑物应有符合规定的安全距离。易燃、易爆、有毒、腐蚀性气体气瓶库的安全距离不得小于15m。

（6）乙炔气瓶的使用场所，存储数量不得超过5瓶。

（7）气瓶应直立存储，用栏杆或支架加以固定，防止倾倒。

（8）毒性气体或可燃气体气瓶的室内存储场所，必须监测毒性气体或可燃性气体的浓度。

### 3. 使用安全

气瓶在放置、搬运、使用、保养等环节的注意事项可简单地用“两圈一帽，固定牢固，严禁混放，谨慎搬运，附件完好，防止回火，留有余压，禁止油污”三十二个字来概括，如图4–4所示。

图 4–4 气瓶安全使用"四字经"

## 四、压力管道安全技术

### (一)压力管道的防腐

1. 管道的腐蚀

从腐蚀的类型看，在各种装置的配管中，以全面腐蚀最多，其次是局部腐蚀和特殊腐蚀。

从装置的类别看，以冷凝器、冷却器的冷却水配管（包括海水和河水配管）、精馏塔的汽油气化管和加热炉出口的输送管等遭受腐蚀最为常见。

工业管道的腐蚀一般易出现在以下部位：

（1）管道的弯曲、拐弯部位，流线型管段中有液体流入而流向又有变化的部位。

（2）产生气化现象时，与液体接触的部位较与蒸汽接触的部位更易遭受腐蚀。

（3）在排液管中，经常没有液体流动的管段易出现局部腐蚀。

（4）液体或蒸汽管道在有温差的状态下使用，易出现严重的局部腐蚀。

（5）埋设管道外部的下表面容易产生腐蚀。

2. 管道防腐涂层

化工管道输送的各种流体中，很多是有腐蚀性的物质，即使是水、蒸汽、空气、油品管道，也会受周围环境的影响而产生腐蚀。从根本上讲，防止腐蚀主要依靠合理选材，还有采用合理的防腐措施，如涂层防腐、衬里防腐、电化学防腐，使用缓蚀剂防腐等。

其中涂层防腐用得最广泛，而在涂层防腐中又以涂料防腐用得最多。

### （二）管道的检查与试验

管道安装完毕后，应按规定进行管道系统强度试验、严密性的试验和系统吹扫与清洗等工作。在用管道要定期进行检查和正常维护，以确保安全生产。

在用管道都要进行定期检查。定期检查的项目分为外检查、重点检查和全部检查。检查周期应根据管道的技术状况和使用条件，由使用单位自行确定。但每季度至少应进行一次外部检查；Ⅰ、Ⅱ、Ⅲ类管道每年至少进行一次重点检查；Ⅳ、Ⅴ类管道每两年至少进行一次重点检查；各类管道每六年至少进行一次全面检查。经过一次全面检查，确认只有轻微腐蚀和冲刷（蚀）的管道，下一次全面检查的期限可以适当延长。但不得超过九年。

## 五、油田特种设备安全管理 ※

塔里木油田公司特种设备管理坚持"六步法"，把好六道关口（设计关、选厂关、制造关、进厂关、投产关、使用关），树立"二全"（全过程、全覆盖）理念，通过狠抓信息系统的应用完善、提高检验检测质量、加强隐患治理等措施，做到特种设备"三清"（家底清、信息清、状态清），保证特种设备本质安全、风险受控。

截至 2019 年，塔里木油田公司主要生产设备共计 19229 台套，特种设备 7345 台套（表 4–6），占比 38%，具有介质复杂，使用环境恶劣的特点。油田通过强化前期管理，保证本质安全；通过依法合规检验，科学使用，确保运行安全。塔里木油田公司管道总长 14510km（表 4–7），压力管道 12581km，占比 87%。具有点多、线长、面广，系统复杂、介质腐蚀性强，基础薄弱，安全风险大的特点，油田通过控制泄漏，实现风险可控，依法合规使用。

**表 4–6　油田特种设备统计表**

| 种类 | 数量，台 / 套 |
|---|---|
| 压力容器 | 5973 |
| 气瓶 | 745 |
| 起重设备 | 260 |
| 锅炉 | 147 |
| 厂内机动车辆 | 117 |
| 电梯 | 103 |
| 合计 | 7345 |

表 4–7　油田管道统计表

| 管道类别 | 管道长度，km |
|---|---|
| 长输管道 | 5528 |
| 集输管道 | 6005 |
| 工业管道 | 2146 |
| 注水管道 | 808 |
| 公用管道 | 23 |
| 合计 | 14510 |

# 第六节　风险辨识与管控技术 ※

## 一、风险辨识方法介绍

风险的辨识和分析对危险化学品生产单位的安全生产有着至关重要的作用，完善的风险辨识、分析可有效地预防事故发生，减少人员伤亡和财产损失。

石化生产装置的整个生命周期包括工艺系统的研究开发、可行性研究、设计、建设安装 / 开车、正常操作和维护、报废等阶段。在工艺工程发展的各个阶段都需要进行风险辨识，在整个生命周期过程中要有整体规划，在每一个环节都要进行安全探讨，制订安全对策，为过程的安全管理提供决策依据。

作为危险化学品生产单位的安全生产管理人员，掌握相应的风险辨识方法是非常有必要的。目前，常用的风险辨识方法主要有工作危害分析法、安全检查表法、危险与可操作性分析等方法。

### （一）工作危害分析法（JHA）

工作危害分析法（JHA）是目前欧美企业在安全管理中使用最普遍的一种作业安全分析与控制的管理工具。是为了识别和控制操作危害的预防性工作流程。通过对工作过程的逐步分析，找出其多余的、有危害的工作步骤和工作设备 / 设施，进行控制和预防。

本方法适用于检维修工作，以作业项目为单元，对作业过程中有危害人的情况进行工作危害分析。主要用来进行设备设施安全隐患、作业场所安全隐患、员工不安全行为隐患等的有效识别。由项目分管部门、项目负责人、检修人员、安全员等完成。

JHA 从作业活动清单中选定一项作业活动，将作业活动分解为若干相连的工作步骤，识别每个工作步骤的潜在危害因素，然后通过风险评价，判定风险等级，制订控制措施。

JHA 法的风险等级可按下式计算：

$$R=L \cdot S$$

式中　$R$——风险等级；

$L$——事故发生的可能性；

$S$——事故后果的严重性。

### （二）安全检查表法（SCL）

安全检查表法（SCL）是辨识系统危险的基本方法，其特点是简便易行。在详细了解系统结构、功能、工艺流程、主要设备、操作条件、布置等的基础上，依据安全法规、标准、操作规程等，按单元逐个分析潜在的危险因素及其对应的危险措施，据此制订出详细的、符合实际的、能全面识别、分析系统危险性的安全检查表。

安全检查表实际上就是实施安全检查和诊断的项目明细表。也就是说将整个被检系统分成若干分系统，对所要查明的问题，根据生产和工程经验、有关范围标准及事故情况进行考虑和布置。把要检查的项目和具体要求列在表上，以备在检查和设计时按预定项目去检查。检查表的内容一般包括分类项目、检查内容及要求、检查以后处理意见、隐患整改日期等。每次检查后都应填写具体的检查情况，用“是”“否”做回答或“√”“×”符号做标记，同时注明检查日期，并由检查人员和被检单位同时签字。

SCL是一种应用十分广泛的风险辨识、分析方法，既可用于项目设计阶段，也可用于装置运行阶段。安全检查表的制作根据被检查对象不同，依据相关的法律、法规、标准、规范及操作规程等进行。检查时应逐条进行，写明其是否符合检查表中的要求。

### （三）危险与可操作性分析（HAZOP）法

危险与可操作性分析（HAZOP）法是一种用于辨识设计缺陷、工艺过程危害及操作性问题的结构化分析方法，方法的本质就是通过一系列的会议对工艺图纸和操作规程进行分析。在这个过程中，由各专业人员组成的分析组按规定的方式系统地研究每一个单元（即分析节点），分析偏离设计工艺条件的偏差所导致的危害和可操作性问题。

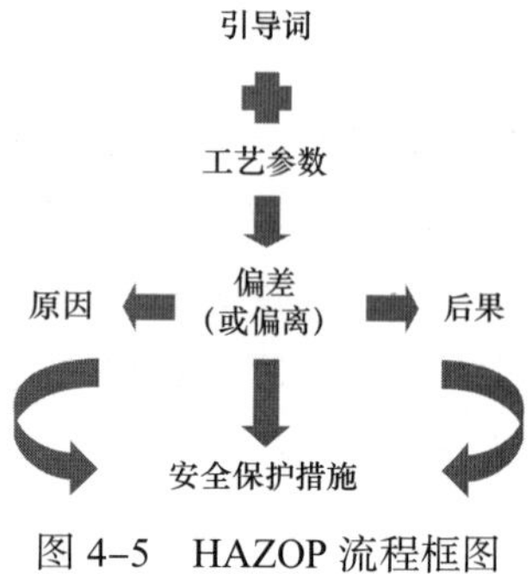

HAZOP的侧重点是工艺部分或操作步骤的各种具体值，其基本过程就是以引导词为引导，对过程中工艺状态（参数）可能出现的偏差（偏差 = 引导词 + 工艺参数）加以分析，找出其可能导致的危害，并分析它们的可能原因、后果和已有安全保护措施等，同时提出应该采取的安全保护措施，如图4-5所示。通常对每一个工艺参数顺序使用所有的引导词，即“{引导词} + 工艺参数”方式。

引导词
工艺参数
偏差
（或偏离）
原因
后果
安全保护措施

图4-5　HAZOP流程框图

HAZOP必须由不同专业组成的分析组来完成，这种群体方式的主要优点在于能相互促进、开拓思路，这也是它的核心优势。

## （四）保护层分析法（LOPA）

为了保证工艺设备的安全运行，往往设置过程控制系统、安全仪表系统、故障报警等功能，这些保护措施根据其在故障发生时触发的先后顺序可视为工艺设备的多层保护，如图 4-6 所示。

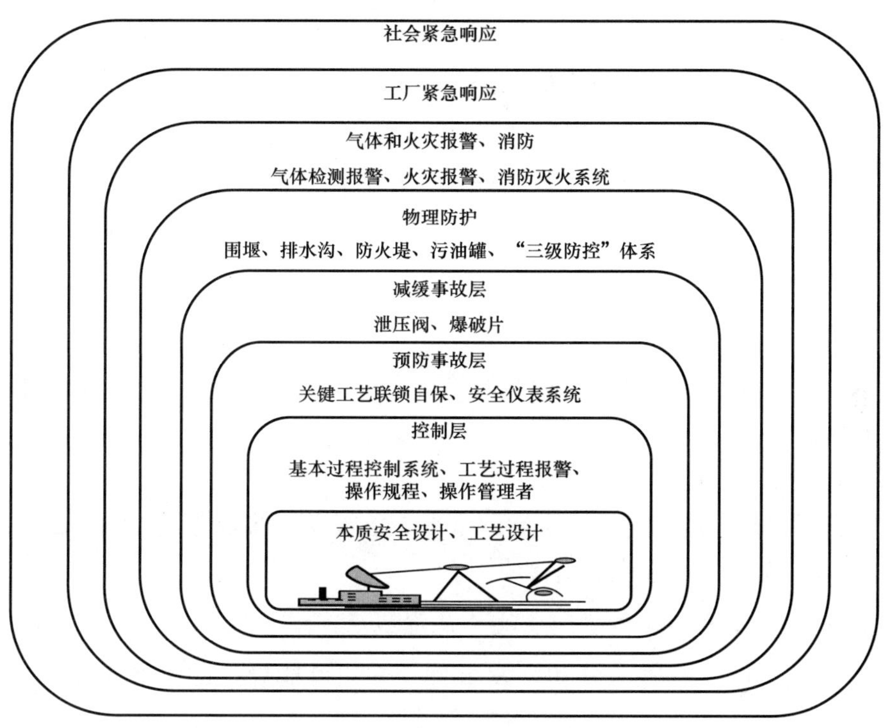


图 4-6 工艺设备保护层示意图

LOPA 主要是针对假定事故场景的每一个保护措施进行分析，即分析防止事故场景发生的保护措施是否有效，每种保护措施的有效程度为多少，各种保护措施综合运用后对于风险的消减有多大，是否还需要增加保护措施，所增加的保护措施对风险的消减有多大。它是一种对事故场景风险（后果频率）进行半定量评估的系统方法。

这些分析是通过具体的数学运算来得出，包括初始事件频率、独立保护层（IPL）的失效概率（即有效程度，包括建议增加的保护层）、后果频率（减缓前、减缓后）。而以往的定性风险分析是依靠分析人员的经验来确定风险等级，这种粗略的判断很可能会掩盖一些问题，使得实际风险升高。

保护层分析一般分为以下六个步骤：

（1）场景识别与筛选。

（2）初始事件确认。

（3）独立保护层评估。

（4）场景频率计算。

（5）风险评估与决策。

（6）后续跟踪与审查。

### （五）预先危险性分析法（PHA）

预先危险性分析（PHA）是在进行某项工程活动（包括设计、施工、生产、维修等）之前，对系统存在的各种危险因素的类别、分布、出现条件和事故可能造成的后果进行宏观、概略分析的系统安全分析方法。分析步骤如下：

1. 熟悉对象系统

尽可能确切了解对象系统的生产目的、工艺流程、生产设备、物料、操作条件、辅助设施、环境状况等资料；搜集类似系统、设备和事故统计、分析资料，以弥补早期分析时对象系统资料的不足。

2. 分析危险、有害因素和触发事件

（1）从能量转化、有害物质、设备故障、人员失误及外界影响等方面分析系统存在的危险、有害因素。

（2）分析触发事件：

触发事件是系统危险、有害因素导致事故、危害发生的条件（实质上也是一种危险、有害因素），是事故、危害发生的直接原因。

3. 推测可能导致的事故类型和危险、危害程度

根据分析的危险、有害因素和触发事件，推测可能导致的事故类型和危险、危害程度。

4. 确定危险、有害因素后果的危险等级

按危险有害因素导致的事故和危害的危险（危害）程度，将危险、有害因素划分为四个危险等级。危险、有害因素危险（危害）程度划分表见表 4–8。

**表 4–8　危险、有害因素危险（危害）程度划分表**

| 危险等级 | 可能造成的伤害和损失 |
|---|---|
| Ⅰ级 | 安全的、可以忽略 |
| Ⅱ级 | 临界的，处于事故边缘状态，暂时尚不能造成伤亡和财产损失，应予以排除或采取控制措施 |
| Ⅲ级 | 危险的，会造成人员伤亡和系统损坏，要立即采取措施 |
| Ⅳ级 | 破坏性的，会造成灾难性事故，必须立即排除 |

5. 制订相应安全措施

按危险、有害因素后果危险等级的轻、重、缓、急，采取相应的对策措施。

### （六）故障类型和影响分析法（FMEA）

故障类型和影响分析法（FMEA）是采用系统分割的方法来进行故障类型和影响分析，是一种归纳分析法，主要是在设计阶段对系统的各个组成部分，即元件、组件、子系统等进行分析，找出它们所能产生的故障及其类型，查明每种故障对系统的安全所带来的影响，判明故障的重要度，以便采取措施予以防止和消除。FMEA 也是一种自下而上的分析方法。如果对某些可能造成特别严重后果的故障类型单独拿出来分析，称为致命度分析（CA）。FMEA 与 CA 合称为 FMECA。FMECA 通常也是采用安全分析表的形式分析故障类型、故障严重度、故障发生频率、控制事故措施等内容。这种方法的特点是从元件、器件的故障开始，逐次分析其影响及应采取的对策。其基本内容是为了找出构成系统的每个元件可能发生的故障类型及其对人员、操作及整个系统的影响。开始，这种方法主要用于设计阶段。目前，在核电站、化工、机械、电子及仪表工业中都广泛使用了这种方法。

### （七）故障树分析法（FTA）

故障树分析又称事故树分析，是安全系统工程中最重要的分析方法。事故树分析从一个可能的事故开始，自上而下、一层层地寻找顶事件的直接原因和间接原因事件，直到基本原因事件，并用逻辑图把这些事件之间的逻辑关系表达出来。典型的故障树如图 4-7 所示。

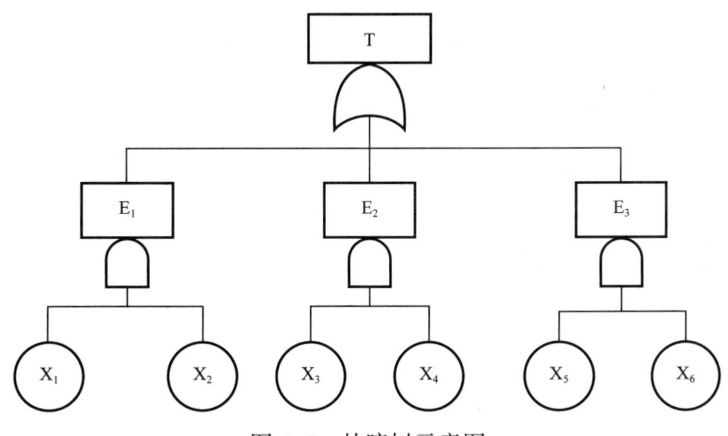


图 4-7 故障树示意图

从系统的角度来说，故障既有因设备中具体部件（硬件）的缺陷和性能恶化所引起的，也有因软件，如自控装置中的程序错误等引起的。此外，还有因为操作人员操作不当或不经心而引起的损坏故障。

故障树法是以系统不希望发生的一个事件（顶事件）作为分析的目标。第一步去寻找所有引起顶事件的直接原因；第二步再分别找上述每个直接原因的所有直接原因，依次进行，直至最基础的直接原因（底事件）。

故障树分析的基本步骤如下：

1. 确定顶上事件

通过经验分析、事件树分析及故障类型和影响分析确定顶上事件，明确顶上事件的边界、分析深度、初始条件、前提条件和不考虑条件，收集相关资料（工艺、设备、操作、环境、事故等方面的情况和资料）。

2. 调查原因事件

调查与事故有关的所有直接原因和各种因素（设备故障、人员失误和环境不良因素）。

3. 编制故障树

顶上事件（图 4–7 中事件 T）放在最上端，将其所有直接原因事件（中间事件，图 4–7 中事件 $E_1$、$E_2$、$E_3$）列在第二层，并用逻辑门连接上下层事件（输出、输入事件）；再将第二层各事件的所有原因事件（图 4–7 中事件 $X_1$、$X_2$、$X_3$、$X_4$、$X_5$、$X_6$）写在对应事件的下面（第三层），用适当的逻辑门把第二、三层事件连接起来；如此层层向下，直至找到全部基本事件（或根据需要分析到必要的事件）为止，从而构成一株完整的故障树。

4. 定量分析

应用数学方法对故障树中在不同位置重复的基本事件进行简化，求出最小割集和最小径集，分析各基本事件的结构重要度。

## 二、油田高危作业技术标准 ※

### （一）《工业动火作业安全管理标准》※

《工业动火作业安全管理标准》于 2018 年 2 月 12 日由塔里木油田公司发布，自 2018 年 3 月 15 日起施行。旨在规范工业动火作业安全管理，防止发生火灾、爆炸事故，造成人员伤害、财产损失和环境影响。

（1）在带有易燃易爆、有毒介质的容器、设备和管线上，未经置换合格，原则上不允许动火。确属生产需要必须动火时，应制订可靠的施工方案、安全措施及应急预案后方可动火。

（2）“工业动火许可证”是动火现场操作依据，只限一处一次使用，不得涂改、代签。

（3）处于运行状态的生产作业区域内，凡能拆移的动火部件，应拆移到安全地点进行动火作业。一般情况下节假日及夜间作业，非生产必须，一律禁止动火。

（4）动火作业前，应开展工作安全分析（JSA），辨识危害因素，评估潜在风险，编制动火作业方案。

（5）申请动火作业前，作业单位应针对动火作业内容、作业环境、作业人员资质等方面进行危害识别和风险评估，根据风险评估的结果制订相应控制措施。

（6）储存氧气的容器、管道、设备必须与动火点隔绝（加盲板），动火前必须置换，保证系统氧含量不大于 23.5%（体积分数）。

（7）距离动火点 30m 内不准有液态烃泄漏；半径 15m 内不准有其他可燃物泄漏和暴露；距动火点 15m 内生产污水系统的漏斗、排水口、各类井口、排气管、管道、地沟等必须封严盖实。

（8）凡进入罐、塔、釜及其他容器内的受限空间动火，要事先检测有限空间内气体。气体检测应包括可燃气体浓度、有毒有害气体浓度、氧气浓度等，其可燃介质（包括爆炸性粉尘）含量必须低于该介质与空气混合物的爆炸下限的 10%（LEL），氧含量在 19.5%～23.5%，有毒有害气体含量应符合国家相关标准的规定。气体样品要有代表性（容积大的应多处采样，根据介质与空气相对密度的大小确定采样重点应在上方还是下方）。出现异常现象，应停止动火，重新检测。

（9）用气焊（割）动火作业时，氧气瓶与乙炔气瓶的间隔不小于 5m，且乙炔气瓶严禁卧放，二者与动火作业地点距离不得小于 10m，并严禁在烈日下曝晒。

（10）许可证的期限不得超过安全工作许可证的期限，不得超过一个班次。如果在书面审查和现场核查的过程中确认需要更多的时间作业，批准人可延长作业期限，但总的作业期限不得超过 24h。

### （二）《进入受限空间作业安全管理标准》※

《进入受限空间作业安全管理标准》于 2018 年 2 月 12 日由塔里木油田公司发布，自 2018 年 3 月 15 日起施行。旨在规范进入受限空间作业安全管理，细化进入受限空间作业程序，明确相关要求，确保工作安全，并在紧急状态下安全撤出。

（1）受限空间是指除符合以下所有物理条件外，还至少存在以下危险特征之一的空间：

① 物理条件：

——有足够的空间，让员工可以进入并进行指定的工作。

——进入和撤离受到限制，不能自如进出。

——并非设计用来给员工长时间在内工作的空间。

② 危险特征：

——存在或可能产生有毒有害气体或机械、电、辐射、放射源等危害。

——存在或可能产生掩埋进入者的物料。

——内部结构可能将进入者困在其中（如内有固定设备或四壁向内倾斜收拢）。

——存在已识别出的健康、安全风险。

（2）进入受限空间作业前，必须进行危害识别，列出危害因素清单，危害因素应包括但不限于以下方面：

① 窒息危害。

② 有毒有害气体。

③ 可燃气体和爆炸性气体。

④ 被淹没 / 埋没。

⑤ 机械危害。

⑥ 其他，如电击、温度、辐射、噪声等。

（3）进入受限空间时，监护人应将所要求的表格和记录存放在现场。包括：

① 安全工作许可证。

② 受限空间进入许可证。

③ 受限空间援救计划。

④ 受限空间进入检测表。

⑤ 受限空间监护人 / 进入者名单表。

⑥ 受限空间进入前会议记录。

⑦ 有毒有害物料的安全技术说明书（MSDS）。

⑧ 书面的受限空间进入计划 / 风险评估。

（4）必须对每个装置或作业区域进行辨识，确定受限空间的数量、位置，建立受限空间清单，并辨识是否需要采用许可证管理，并根据作业环境、工艺设备变更等情况不断更新。

（5）对于用钥匙、工具打开的或有实物障碍的受限空间，打开时必须在进入点附近设置警示标志。无须工具、钥匙就可进入或无实物障碍阻挡进入的受限空间，必须设置固定的警示标志。所有警示标志应包括提醒有危险存在和须经授权才能进入的词语。

（6）进入受限空间作业应指定专人监护，不得在无监护人的情况下作业，作业监护人员不得离开现场或做与监护无关的事情。监护人员和作业人员应明确联络方式并始终保持有效的沟通。进入特别狭小空间作业，作业人员应系安全可靠的救援绳，监护人可通过系在作业人员身上的救援绳进行沟通联络。

（7）进入受限空间作业照明应使用安全电压不大于 24V 且绝缘良好的安全行灯，特别潮湿的受限空间作业环境照明应使用安全电压不大于 12V 且绝缘良好的安全行灯。

（8）进入许可证时限为 12h。如工作需要，可延期，但延期次数不能超过两次，且总时间不能超过 24h。

（9）如果在进入许可证时限内中断作业超过半小时，必须进行气体检测合格方可继续作业。

（10）每次进入受限空间作业前，应制订书面应急预案，并开展应急演练，所有相关人员都应熟悉应急预案。

（11）在进入受限空间进行救援之前，应明确作业监护人与救援人员的联络方法。获得授权的救援人员均应佩戴安全带、救生索等以便救援，如存在有毒有害气体，应携带气体防护设备，除非该装备可能会阻碍救援或产生更大的危害。

## （三）《管线打开安全管理标准》

《管线打开安全管理标准》于 2018 年 2 月 12 日由塔里木油田公司发布，自 2018 年 3 月 15 日起施行。旨在规范管线打开作业要求，确保作业过程中各项风险的有效识别和控制。

（1）管线打开是使用任何方式使输送危险物料的管线（含设备）组成部分形体分离，包括通过火焰加热、打磨、切割或钻孔等方式使管线完整性改变的过程。

管线打开包括但不限于以下活动：

① 打开法兰。

② 从法兰上去掉一个或多个螺栓。

③ 去掉阀门阀盖或更换填料。

④ 拆装盲板。

⑤ 拆开管接头。

⑥ 拆除盲法兰、丝堵和管帽。

⑦ 断开管线。

⑧ 断开加料和卸料工艺软管。

⑨ 用机械方法或其他方法穿透管线。

⑩ 开启管线或设备上的检查孔、视窗或人孔等。

⑪ 互连管线的拆除。

断开仪表、润滑、控制系统管线，如引压管、润滑油管等。

（2）管线 / 设备打开作业前，属地单位应组织作业单位共同确认工作内容并进行风险评估，根据风险评估的结果制订作业方案。作业方案应包括但不限于以下内容：

① 辨识危害。

② 隔离方案，包括描述需要隔离的能量、隔离方式、应具体描述关闭的阀门及阀门状态、上锁点、盲板位置的图示。

③ 排空、置换和清洗方案，明确置换介质、置换方法、步骤、清洗介质、置换清洗时间及放空点等。

④ 监护和救援人员的要求和必要的器材。

⑤ 描述管线打开影响的区域，防止无关人员进入。

（3）在管线打开之前必须明确以下内容：

① 管线里面的介质及其危害性。

② 管线打开的具体位置。

③ 确定风向。

④ 警戒区域，确保与管线打开无关的人员不受意外释放的伤害。

（4）作业负责人负责本次作业相关内容的培训和培训结果的确认。参加管线打开作业的人员应清楚健康、安全、环境的要求。作业方案的细节由作业负责人与所有相关人员沟通或交底。这些细节包括上锁点、冲淋、洗眼器、作业防护及救援器材等。

（5）管线打开前，必须根据作业方案确认需要打开的管线已经与在用系统隔离，其中的危险物料已通过置换、清洗、吹扫等方式除尽，并经气体检测合格，达到清洁管线标准。在不能证实系统已达到清洁管线标准时，应有特定的防护措施来消除或控制风险。如果作业方案无法落实或出现任何意外情况，应停止工作，并重新沟通计划和申请许可。

（6）应考虑使用手动阀门进行隔离，手动阀门宜采用截止阀、球阀、闸阀、旋塞阀。自动控制阀不能单独作为物料隔离装置，两位开关阀可以作为隔离阀门但必须是故障关模式，且切断驱动动力（如：气源、电源、液压管路等）。

（7）对可能存在人员暴露在危险物料下的工作，必须准备和使用个人防护装备，并对使用特定个人防护装备（如长管呼吸器、正压呼吸器、防化服、防火服等）的人员实施培训。

（8）对于可能含有剧毒化学品的系统，必须着全套防化服才可进行管线打开作业，而且必须至少由两名作业人员和一名待命人员着防护装备执行管线打开作业。

（9）在管线打开前，应确认现场现有的冲淋装置可用。应根据危险物质特性在必要时安装临时冲淋装置，且临时冲淋装置距作业点不超过 20m，水量应能连续冲淋 15min 以上。

（10）可能喷溅和受影响的区域必须有足够的围栏 / 围绳和警示。警戒区域大小应考虑被开启设备 / 管线的尺寸、其中的危险物料、可能的意外泄流量、压力以及风向、可能受影响的区域等。未经属地主管许可，任何人不得进入警戒区域。

## 三、油田工艺和设备变更技术标准

《工艺和设备变更管理规范》于 2014 年 8 月 20 日由塔里木油田公司发布，自 2014 年 9 月 20 日起施行。旨在规范工艺和设备变更管理工作，以确保识别和控制工艺设备变更过程中及变更完成后所有影响工艺设备安全运行的因素，强化工艺装置全生命周期的过程管控。

（1）变更是对工艺技术、设备设施、工艺参数等的改变，导致与原设计有偏离。

（2）同类替换属于变更的范畴，符合原设计规格的替换，不需要执行变更审批程序。

（3）微小变更影响较小，不造成任何工艺参数、设计参数等的改变，但又不是同类替换的变更。

（4）重大变更是指影响较大、涉及工艺技术的改变、设施功能的变化或重要工艺参数改变（如压力等级的改变，压力报警值的设定等）的变更。

（5）紧急变更是指为保护员工健康与安全、环境或设备的完整及避免重大经济损失而需要在48h内实施的变更。

（6）变更管理需要按照申请、审查和批准等流程执行，所有变更应按照微小变更、重大变更和同类替换进行分类，分类应按变更内容和影响范围确定。同类替换不执行变更管理流程。

（7）变更的申请应由工艺和设备的拥有者提出，对于来源于内部生产、安全等需要提出的变更，一般由基层单位提出，具体由各单位进行明确。

（8）变更申请人应初步判断变更类型、影响因素、范围等情况，按分类做好实施变更前的各项准备工作，提出变更申请。

（9）技术与安全审查应当充分考虑变更对工艺系统安全的影响，重大变更应进行工艺安全分析。

（10）变更可能引起其他连带的变更，如工艺安全信息、操作规程、管理程序、培训要求等发生变化，必须对此逐项确认，确定连带变更项的负责人和完成日期。

（11）应确保变更所涉及的所有工艺安全相关信息得到更新及审查，如变更引起的工艺流程图、管线与仪表图、设备数据表、报警设置值、操作与维修程序、操作与维修保养记录表、新增加的材料安全技术说明书（MSDS）等方面的信息。

（12）完成变更的工艺、设备在投运之前必须将更新的工艺安全信息、操作维修程序、变更要到达的目的、技术与安全审查的结果传达给相关的操作与维护维修人员，并完成培训。

# 第五章　危险化学品事故应急管理

★ 掌握危险化学品事故的应急救援知识。

★ 掌握危险化学品应急演练及其现场处置的相关知识。

★ 熟悉油田应急救援和处置程序。

★ 熟悉油田事故事件报告程序及时限要求。

★ 熟悉事故报告内容。

★ 了解行业领域典型的危险化学品事故。

## 第一节　化学事故应急救援的原则与程序

危险化学品应急救援是指危险化学品由于各种原因造成或可能造成众多人员伤亡及其他较大社会危害时，为及时控制危险源，抢救受害人员，指导群众防护和组织撤离，清除危害后果而组织的救援活动。

### 一、化学事故应急救援的原则

事故应急救援工作是在预防为主的前提下，贯彻统一指挥、分级负责、区域为主、单位自救和社会救援相结合的原则。

### 二、化学事故应急救援的程序

#### （一）事故报警

事故报警的及时与准确是能否及时控制事故的关键环节。当发生危险化学品事故时，现场人员必须根据各自企业制订的事故预案采取积极而有效的抑制措施，尽量减少事故的蔓延，同时向有关部门报告和报警。

#### （二）出动应急救援队伍

各主管部门在接到事故报警后，应迅速组织应急救援专职队赶赴现场，在做好自身防护的基础上，快速实施救援，控制事故发展，并将伤员救出危险区域和组织群众撤离、疏散，消除危险化学品事故的各种隐患。

### （三）紧急疏散

建立警戒区域，迅速将警戒区及污染区内与事故应急处理无关的人员撤离，并将相邻的危险化学品疏散到安全地点，以减少不必要的人员伤亡和财产损失。

### （四）现场急救

（1）选择有利地形设置急救点（一般应设在事故地点的上风向开阔处）。

（2）做好自身及伤病员的个体防护。

（3）防止发生继发性损害。

（4）应二至三人为一组集体行动，以便相互照应。

（5）所用的救援器材需具备防爆功能。

### （五）泄漏处理

（1）泄漏源控制。

① 关闭阀门、停止作业或改变工艺流程、物料走副线、局部停车、打循环、减负荷运行等。

② 堵漏：采用合适的材料和技术手段堵住泄漏处。

（2）泄漏物处理。

① 围堤堵截：筑堤堵截泄漏液体或者引流到安全地点。

② 稀释与覆盖：向有害物蒸气云喷射雾状水，加速气体向高空扩散。对于可燃物，也可以在现场施放大量水蒸气或氮气，破坏燃烧条件。对于液体泄漏，为降低物料向大气中的蒸发速度，可用泡沫或其他覆盖物品覆盖外泄的物料，在其表面形成覆盖层，抑制其蒸发。

③ 收容（集）：对于大型泄漏，可选择用隔膜泵将泄漏出的物料抽入容器内或槽车内；当泄漏量小时，可用沙子、吸附材料、中和材料等吸收中和。

④ 废弃：将收集的泄漏物运至废物处理场所处置。用消防水冲洗剩下的少量物料，冲洗水排入污水系统处理。

（3）危害监测。对事故危害状况，要不断检测，直至符合国家环保标准。

## 第二节　化学事故应急预案的编制

### 一、应急预案编制的含义和目的

应急预案是为应对可能发生的紧急事件所做的预先准备，其目的是限制紧急事件的范围，尽可能消除事件或尽量减少事件造成的人、财产和环境的损失。紧急事件是指可能对人员、财产或环境等造成重大损害的事件。

制订应急预案的目的是为了发生事故时能以最快的速度发挥最大的效能，有组织、有秩序地实施救援行动，尽快控制事态的发展，降低事故造成的危害，减少事故损失。

## 二、应急预案的编制

### （一）编制准备

编制应急预案应做好以下准备工作：

（1）全面分析本单位危险因素、可能发生的事故类型及事故的危害程度。

（2）排查事故隐患的种类、数量和分布情况，并在隐患治理的基础上，预测可能发生的事故类型及其危害程度。

（3）确定事故危险源，进行风险评估。

（4）针对事故危险源和存在的问题，确定相应的防范措施。

（5）客观评价本单位应急能力。

（6）充分借鉴国内外同行业事故教训及应急工作经验。

### （二）预案编制程序

1. 应急预案编制工作组

结合本单位部门职能分工，成立以单位主要负责人为领导的应急预案编制工作组，明确编制任务、职责分工，制订工作计划。

2. 资料收集

收集应急预案编制所需的各种资料（相关法律法规、应急预案、技术标准、国内外同行业事故案例分析、本单位技术资料等）。

3. 危险源与风险分析

在危险因素分析及事故隐患排查、治理的基础上，确定本单位的危险源、可能发生事故的类型和后果，进行事故风险分析，并指出事故可能产生的次生、衍生事故，形成分析报告，分析结果作为应急预案的编制依据。

4. 应急能力评估

对本单位应急装备、应急队伍等应急能力进行评估，并结合本单位实际，加强应急能力建设。

5. 应急预案编制

针对可能发生的事故，按照有关规定和要求编制应急预案。应急预案编制过程中，应注重全体人员的参与和培训，使所有与事故有关人员均掌握危险源的危险性、应急处置方案和技能。应急预案应充分利用社会应急资源，并与地方政府预案、上级主管单位及相关部门的预案相衔接。

6. 应急预案评审与发布

应急预案编制完成后，应进行评审。评审由本单位主要负责人组织有关部门和人员进行。外部评审由上级主管部门或地方政府负责安全管理的部门组织审查。评审后，按规定报有关部门备案，并经生产经营单位主要负责人签署发布。

### （三）应急预案体系的构成

生产经营单位应针对各级各类可能发生的事故和所有危险源制订综合应急预案、专项应急预案和现场应急处置方案，并明确事前、事发、事中、事后的各个过程中相关部门和有关人员的职责。

编制的综合应急预案、专项应急预案和现场处置方案之间应当相互衔接，并与所涉及的其他单位的应急预案相互衔接。

1. 综合应急预案

生产经营单位风险种类多、可能发生多种事故类型的，应当组织编制本单位的综合应急预案。

综合应急预案应当包括本单位的应急组织机构及其职责、预案体系及响应程序、事故预防及应急保障、应急培训及预案演练等主要内容。

2. 专项应急预案

对于某一种类的风险，生产经营单位应当根据存在的危险化学品重大危险源和可能发生的事故类型，制订相应的专项应急预案。

专项应急预案应当包括危险性分析、可能发生的事故特征、应急组织机构与职责、预防措施、应急处置程序和应急保障等内容。

3. 现场应急处置预案

对于危险性较大的重点岗位，生产经营单位应当制订重点工作岗位的现场处置方案。

现场处置方案应当包括危险性分析、可能发生的事故特征、应急处置程序、应急处置要点和注意事项等内容。

### （四）应急预案编制的基本要求

应急预案的编制应当符合下列基本要求：

（1）符合有关法律、法规、规章和标准的规定。

（2）结合本地区、本部门、本单位的安全生产实际情况。

（3）结合本地区、本部门、本单位的危险性分析情况。

（4）应急组织和人员的职责分工明确，并有具体的落实措施。

（5）有明确、具体的事故预防措施和应急程序，并与其应急能力相适应。

（6）有明确的应急保障措施，并能满足本地区、本部门、本单位的应急工作要求。

（7）预案基本要素齐全、完整，预案附件提供的信息准确。

（8）预案内容与相关应急预案相互衔接。

此外，生产经营单位制订的应急预案应当至少每三年修订一次，预案修订情况应有记录并归档。当有下列情形之一的，应急预案应及时修订：

（1）生产经营单位因兼并、重组、转制等导致隶属关系、经营方式、法定代表人发生变化的。

（2）生产经营单位生产工艺和技术发生变化的。

（3）周围环境发生变化，形成新的危险化学品重大危险源的。

（4）应急组织指挥体系或者职责已经调整的。

（5）依据的法律、法规、规章和标准发生变化的。

（6）应急预案演练评估报告要求修订的。

（7）应急预案管理部门要求修订的。

## 第三节　化学事故应急演练

应急演练是指针对情景事件，按照应急预案而组织实施的预警、应急响应、指挥与协调、现场处置与救援、评估总结等活动。应急演练工作应符合以下要求：

（1）应急演练工作必须遵守国家相关法律、法规、标准的有关规定。

（2）应急演练应纳入本单位应急管理工作的整体规划，按照规划组织实施。

（3）应急演练应结合本单位安全生产过程中的危险源、危险、有害因素、易发事故的特点，根据应急预案或特定应急程序组织实施。

（4）根据需要合理确定应急演练类型和规模。

（5）制订应急演练过程中的安全保障方案和措施。

（6）应急演练应周密安排、结合实际、从难从严、注重过程、实事求是、科学评估。

（7）不得影响和妨碍生产系统的正常运转及安全。

### 一、应急演练的分类、目的

按照应急演练的内容，可分为综合演练和专项演练；按照演练的形式，可分为现场演练和桌面演练；按照演练的目的，可分为检验性演练、研究性演练。

应急演练目的：

（1）检验应急预案，提高应急预案的科学性、实用性和可操作性。

（2）磨合应急机制，强化政府及其部门与企业、企业与企业、企业与救援队伍、企业内部不同部门和人员之间的协调与配合。

（3）锻炼应急队伍，提高应急人员在各种紧急情况下妥善处置突发事件的能力。

（4）教育广大群众，推广和普及应急知识，提高公众的风险防范意识与自救、互救能力。

（5）检验并提高应急装备和物资的储备标准、管理水平、适用性和可靠性。

（6）研究特定突发事件的预防及应急处置的有效方法与途径。

（7）找出其他需要解决的问题。

### （一）综合演练

1. 综合演练的含义

综合演练是指根据情景事件要素，按照应急预案检验包括预警、应急响应、指挥与协调、现场处置与救援、保障与恢复等应急行动和应对措施的全部应急功能的演练活动。

2. 综合演练的目的

综合演练的目的是检验应急预案的针对性，应急程序的可操作性，应急处置与救援方案的适用性，应急机制运行的可靠性，相关人员应急行动的熟练程度，全面提高综合应对突发事件的能力。

### （二）专项演练

1. 专项演练的含义

专项演练是指根据情景事件要素，按照应急预案检验某项或数项应对措施或应急行动的部分应急功能的演练活动。

2. 专项演练的目的

专项演练的目的是检验应急预案单项或数个环节、层次应急行动或应对措施的针对性、可操作性、适用性，重点提高应急处置与救援能力。

### （三）现场演练

1. 现场演练的含义

现场演练是指选择（或模拟）生产建设某个工艺流程或场所，现场设置情景事件要素，并按照应急预案组织实施预警、应急响应、指挥与协调、现场处置与救援等应急行动和应对措施的演练活动。

2. 现场演练的目的

现场演练的目的是检验应急预案规定的预警、应急响应、处置与救援、应急保障等应急行动或应对措施的针对性、时效性、协调性、可靠性，提高应急人员应对突发事件的实战能力。

### （四）桌面演练

1. 桌面演练的含义

桌面演练是指设置情景事件要素，在室内会议桌面（图纸、沙盘、计算机系统）上，按照应急预案模拟实施预警、应急响应、指挥与协调、现场处置与救援等应急行动和应对措施的演练活动。

2. 桌面演练的目的

桌面演练的目的是检验和提高应急预案规定应急机制的协调性、应急程序的合理性、应对措施的可靠性。

### （五）检验性演练

1. 检验性演练的含义

检验性演练是指不预先告知情景事件，由应急演练的组织者随机控制，参演人员根据演练设置的突发事件信息，按照应急预案组织实施预警、应急响应、指挥与协调、现场处置与救援等应急行动和应对措施的演练活动。

2. 检验性演练的目的

检验性演练的目的是检验负有应急管理职责的相关人员应对突发事件的实战能力，以及对应急预案的熟练程度。

### （六）研究性演练

1. 研究性演练的含义

研究性演练是指为验证突发事件发生的可能性、波及范围、风险水平及检验应急预案的可操作性、实用性等而进行的预警、应急响应、指挥与协调、现场处置与救援等应急行动和应对措施的演练活动。

2. 研究性演练的目的

研究性演练的目的是验证突发事件发生的可能性，波及范围及风险水平，找出生产经营过程中的危险、有害因素，或者检验应急预案的可操作性、实用性等。

## 二、应急演练的基本内容

应急演练的基本内容有：

（1）预警与通知。接警人员接到报警后，按照应急预案规定的时间、方式、方法和途径，迅速向可能受到突发事件波及区域的相关部门和人员发出预警通知，同时报告上级主管部门或当地政府有关部门、应急机构，以便采取相应的应急行动。

（2）决策与指挥。根据应急预案规定的响应级别，建立统一的应急指挥、协调和决策机构，迅速有效地实施应急指挥，合理高效地调配和使用应急资源，控制事态发展。

（3）应急通信。保证参与预警、应急处置与救援的各方，特别是上级与下级、内部与外部相关人员通信联络的畅通。

（4）应急监测。对突发事件现场及可能波及区域的气象、有毒有害物质等进行有效监控并进行科学分析和评估，合理预测突发事件的发展态势及影响范围，避免发生次生或衍生事故。

（5）警戒与管制。建立合理警戒区域，维护现场秩序，防止无关人员进入应急处置与救援现场，保障应急救援队伍、应急物资运输和人群疏散等的交通畅通。

（6）疏散与安置。合理确定突发事件可能波及区域，及时、安全、有效地撤离、疏散、转移，妥善安置相关人员。

（7）医疗与卫生保障。调集医疗救护资源对受伤人员合理检伤并分级，及时采取有效的现场急救及医疗救护措施，做好卫生监测和防疫工作。

（8）现场处置。应急处置与救援过程中，按照应急预案规定及相关行业技术标准采取的有效技术与安全保障措施。

（9）公众引导。及时召开新闻发布会，客观、准确地公布有关信息，通过新闻媒体与社会公众建立良好的沟通。

（10）现场恢复。应急处置与救援结束后，在确保安全的前提下，实施有效洗消、现场清理和基本设施恢复等工作。

（11）总结与评估。对应急演练组织实施中发现的问题和应急演练效果进行评估总结，以便不断改进和完善应急预案，提高应急响应能力和应急装备永平。

（12）其他。根据相关行业（领域）安全生产特点所包含的其他应急功能。

## 三、应急演练的实施

### （一）现场应急演练的实施

（1）熟悉演练方案。应急演练领导小组正、副组长或成员召开会议，重点介绍有关应急演练的计划安排，了解应急预案和演练方案，做好各项准备工作。

（2）安全措施检查。确认演练所需的工具、设备、设施及参演人员到位。对应急演练安全保障方案及设备、设施进行检查确认，确保安全保障方案的可行性，安全设备、设施的完好性。

（3）组织协调。应在控制人员中指派必要数量的组织协调员，对应急演练过程进行必要的引导，以防出现发生意外事故。组织协调员的工作位置和任务应在应急演练方案中做出明确的规定。

（4）紧张有序开展应急演练。应急演练总指挥下达演练开始指令后，参演人员针对情景事件，根据应急预案的规定，紧张有序地实施必要的应急行动和应急措施，直至完成全部演练工作。

（5）注意事项：

① 应急演练过程要力求紧凑、连贯，尽量反映真实事件下采取预警、应急处置与救援的过程。

② 应急演练应遵照应急预案有序进行，同时要具有必要的灵活性。

③ 应急演练应重视评估环节，准确记录发现的问题和不足，并实施后续改进。

④ 应急演练实施过程应做必要的评估记录，包括文字、图片和声像记录等，以便对演练进行总结和评估。

### （二）桌面应急演练的实施

桌面应急演练的实施可以参考现场应急演练实施的程序，但是由于桌面应急演练的组织形式、开展方式与现场应急演练不同，其演练内容主要是模拟实施预警、应急响应、指挥与协调、现场处置与救援等应急行动和应对措施，因此需要注意以下问题：

（1）桌面应急演练一般设一名主持人，可以由应急演练的副总指挥担任，负责引导应急演练按照规定的程序进行。

（2）桌面应急演练可以在实施过程中加入讨论的内容，以便于验证应急预案的可操作性、实用性，做出正确的决策。

（3）桌面应急演练在实施过程中可以引入视频，对情景事件进行渲染，引导情景事件的发展，推动桌面应急演练顺利进行。

## 四、应急演练的评估和总结

### （一）应急演练的讲评

应急演练的讲评必须在应急演练结束后立即进行。应急演练组织者、控制人员和评估人员及主要演练人员应参加讲评会。

评估人员对应急演练目标的实现情况、参演队伍及人员的表现、应急演练中暴露的主要问题等进行讲评，并出具评估报告。对于规模较小的应急演练，评估也可以采用口头点评的方式。

### （二）应急演练的总结

应急演练结束后，评估组汇总评估人员的评估总结，撰写评估总结报告，重点对应急演练组织实施中发现的问题和应急演练效果进行评估总结，也可对应急演练准备、策划等工作进行简要总结分析。

应急演练评估总结报告通常包括以下内容：

（1）本次应急演练的背景信息。

（2）对应急演练准备的评估。

（3）对应急演练策划与应急演练方案的评估。

（4）对应急演练组织、预警、应急响应、决策与指挥、处置与救援、应急演练效果的评估。

（5）对应急预案的改进建议。

（6）对应急救援技术、装备方面的改进建议。

（7）对应急管理人员、应急救援人员培训方面的建议。

### 五、应急演练的修改完善与改进

根据应急演练评估报告对应急预案的改进建议，由应急预案编制部门按程序对预案进行修改完善。

应急演练结束后，组织应急演练的部门（单位）应根据应急演练评估报告、总结报告提出的问题和建议，督促相关部门和人员，制订整改计划，明确整改目标，制订整改措施，落实整改资金，并应跟踪督查整改情况。

## 第四节　化学事故的现场处置与抢险救灾

### 一、发生危险化学品火灾事故的现场处置

危险化学品容易发生着火、爆炸事故，不同的危险化学品在不同的情况下发生火灾时，其扑救方法差异很大，若处置不当，不仅不能有效地扑灭火灾，反而会使险情进一步扩大，造成不应有的财产损失。由于危险化学品本身及其燃烧产物大多具有较强的毒害性和腐蚀性，极易造成人员中毒、灼伤等伤亡事故，因此扑救危险化学品火灾是一项极其重要又非常艰巨和危险的工作。

#### （一）扑救危险化学品火灾的总要求

（1）先控制，后消灭。针对危险化学品火灾的火势发展蔓延快和燃烧面积大的特点，积极采取统一指挥、以快制快；堵截火势、防止蔓延；重点突破，排除险情；分割包围，速战速决的灭火战术。

（2）扑救人员应占领上风或侧风阵地。

（3）进行火情侦察、火灾扑救、火场疏散人员应有针对性地采取自我防护措施。如佩戴防护面具，穿戴专用防护服等。

（4）应迅速查明燃烧范围、燃烧物品及其周围物品的品名和主要危险特性、火势蔓延的主要途径。

（5）正确选择最适应的灭火剂和灭火方法。火势较大时，应先堵截火势蔓延，控制燃烧范围，然后逐步扑灭火势。

（6）对有可能发生爆炸、爆裂、喷溅等特别危险需紧急撤退的情况，应按照统一的撤退信号和撤退方法及时撤退。撤退信号应格外醒目，能使现场所有人员都看到或听到，并应经常预先演练。

（7）火灾扑灭后，起火单位应当保护现场，接受事故调查，协助公安消防监督部门和上级安全管理部门调查火灾原因，核定火灾损失，查明火灾责任，未经公安监督部门和上级安全监督管理部门的同意，不得擅自清理火灾现场。

### （二）爆炸物品火灾的现场处置

爆炸物品一般都有专门的储存仓库。这类物品由于内部结构含有爆炸性基团，受摩擦、撞击、震动、高温等外界因素诱发，极易发生爆炸，遇明火则更危险。发生爆炸物品火灾时，一般应采取以下基本方法：

（1）迅速判断和查明再次发生爆炸的可能性和危险性，紧紧抓住爆炸后和再次发生爆炸之前的有利时机，采取一切可能的措施，全力制止再次爆炸的发生。

（2）不能用沙土盖压，以免增强爆炸物品爆炸时的威力。

（3）如果有疏散可能，人身安全上确有可靠保障，应迅即组织力量及时疏散着火区域周围的爆炸物品，使着火区周围形成一个隔离带。

（4）扑救爆炸物品堆垛时，水流应采用吊射，避免强力水流直接冲击堆垛，以免堆垛倒塌引起再次爆炸。

（5）灭火人员应积极采取自我保护措施，尽量利用现场的地形、地物作为掩蔽体或尽量采用卧姿等低姿射水；消防车辆不要停靠离爆炸物品太近的水源。

（6）灭火人员发现有发生再次爆炸的危险时，应立即向现场指挥报告，现场指挥应迅即做出准确判断，确有发生再次爆炸征兆或危险时，应立即下达撤退命令。灭火人员看到或听到撤退信号后，应迅速撤至安全地带，来不及撤退时，应就地卧倒。

### （三）压缩气体和液化气体火灾的现场处置

压缩气体和液化气体总是被储存在不同的容器内或通过管道输送。其中储存在较小钢瓶内的气体压力较高，受热或受火焰熏烤容易发生爆裂。气体泄漏后遇着火源已形成稳定燃烧时，其发生爆炸或再次爆炸的危险性与可燃气体泄漏未燃时相比要小得多。遇压缩或液化气体火灾一般应采取以下基本方法：

（1）扑救气体火灾切忌盲目灭火，即使在扑救周围火势及冷却过程中不小心把泄漏处的火焰扑灭了，在没有采取堵漏措施的情况下，也必须立即用长点火棒将火点燃，使其恢复稳定燃烧。否则，大量可燃气体泄漏出来与空气混合，遇着火源就会发生爆炸，后果将不堪设想。

（2）首先应扑灭外围被火源引燃的可燃物火势，切断火势蔓延途径，控制燃烧范围，并积极抢救受伤和被困人员。

（3）如果火势中有压力容器或有受到火焰辐射热威胁的压力容器，能疏散的应尽量在水枪的掩护下疏散到安全地带，不能疏散的应部署足够的水枪进行冷却保护。为防止容器爆裂伤人，进行冷却的人员应尽量采用低姿射水或利用现场坚实的掩蔽体防护。对卧式贮罐，冷却人员应选择贮罐四侧角作为射水阵地。

（4）如果是输气管道泄漏着火，应首先设法找到气源阀门。阀门完好时，只要关闭气体阀门，火势就会自动熄灭。

（5）贮罐或管道泄漏关阀无效时，应根据火势大小判断气体压力和泄漏口的大小及其形状，准备好相应的堵漏材料（如软木塞、橡皮塞、气囊塞、黏合剂、弯管工具等）。

（6）堵漏工作准备就绪后，即可用水扑救火势，也可用干粉、二氧化碳灭火，但仍需用水冷却烧烫的罐或管壁。火扑灭后，应立即用堵漏材料堵漏，同时用雾状水稀释和驱散泄漏出来的气体。

（7）一般情况下完成了堵漏也就完成了灭火工作，但有时一次堵漏不一定能成功，如果一次堵漏失败，再次堵漏需一定时间，应立即用长点火棒将泄漏处点燃，使其恢复稳定燃烧，以防止较长时间泄漏出来的大量可燃气体与空气混合后形成爆炸性混合物，从而潜伏发生爆炸的危险，并准备再次灭火堵漏。

（8）如果确认泄漏口很大，根本无法堵漏，只需冷却着火容器及其周围容器和可燃物品，控制着火范围，直到燃气燃尽，火势自动熄灭。

（9）现场指挥应密切注意各种危险征兆，遇有火势熄灭后较长时间未能恢复稳定燃烧或受热辐射的容器安全阀出现火焰变亮耀眼、尖叫、晃动等爆裂征兆时，指挥员必须适时做出准确判断，及时下达撤退命令。现场人员看到或听到事先规定的撤退信号后，应迅速撤退至安全地带。

（10）气体贮罐或管道阀门处泄漏着火时，在特殊情况下，只要判断阀门还有效，也可违反常规，先扑灭火势，再关闭阀门。一旦发现关闭已无效，一时又无法堵漏时，应迅即点燃，恢复稳定燃烧。

### （四）易燃液体火灾的现场处置

易燃液体通常也是贮存在容器内或用管道输送的。与气体不同的是，液体容器有的密闭，有的敞开，一般都是常压，只有反应釜（锅、炉）及输送管道内的液体压力较高。液体不管是否着火，如果发生泄漏或溢出，都将顺着地面流淌或水面漂散，而且易燃液体还有密度和水溶性等涉及能否用水和普通泡沫扑救的问题，以及危险性很大的沸溢和喷溅问题，因此扑救易燃液体火灾往往也是一场艰难的战斗。遇易燃液体火灾，一般应采取以下基本方法：

（1）首先应切断火势蔓延的途径，冷却和疏散受火势威胁的密闭容器和可燃物，控制燃烧范围，并积极抢救受伤和被困人员。如有液体流淌时，应筑堤（或用围油栏）拦截漂散流淌的易燃液体或挖沟导流。

（2）及时了解和掌握着火液体的品名、密度、水溶性及有无毒害、腐蚀、沸溢、喷溅等危险性，以便采取相应的灭火和防护措施。

（3）对较大的贮罐或流淌火灾，应准确判断着火面积。

① 小面积（一般 $50m^2$ 以内）液体火灾，一般可用雾状水扑灭。用泡沫、干粉、二氧化碳灭火一般更有效。

② 大面积液体火灾则必须根据其相对密度（比重）、水溶性和燃烧面积大小，选择正确的灭火剂扑救。

③ 比水轻又不溶于水的液体（如汽油、苯等），用直流水、雾状水灭火往往无效。可用普通蛋白泡沫或轻水泡沫扑灭。用干粉扑救时灭火效果要视燃烧面积大小和燃烧条件而定，最好用水冷却罐壁。

④ 比水重又不溶于水的液体（如二硫化碳）起火时可用水扑救，水能覆盖在液面上灭火。用泡沫也有效。用干粉扑救，灭火效果要视燃烧面积大小和燃烧条件而定。最好用水冷却罐壁，降低燃烧强度。

⑤ 具有水溶性的液体（如醇类、酮类等），虽然从理论上讲能用水稀释扑救，但用此法要使液体闪点消失，水必须在溶液中占很大的比例，这不仅需要大量的水，也容易使液体溢出流淌，而普通泡沫又会受到水溶性液体的破坏（如果普通泡沫强度加大，可以减弱火势），因此，最好用抗溶性泡沫扑救，用干粉扑救时，灭火效果要视燃烧面积大小和燃烧条件而定，也需用水冷却罐壁，降低燃烧强度。

（4）扑救毒害性、腐蚀性或燃烧产物毒害性较强的易燃液体火灾，扑救人员必须佩戴防护面具，采取防护措施。

（5）扑救原油和重油等具有沸溢和喷溅危险的液体火灾，必须注意计算可能发生沸溢、喷溅的时间和观察是否有沸溢、喷溅的征兆。指挥员发现危险征兆时应迅即做出准确判断，及时下达撤退命令，避免造成人员伤亡和装备损失。扑救人员看到或听到统一撤退信号后，应立即撤至安全地带。

（6）遇易燃液体管道或贮罐泄漏着火，在切断蔓延方向，把火势限制在一定范围内的同时，对输送管道应设法找到并关闭进、出口阀门，如果管道阀门已损坏或是贮罐泄漏，应迅速准备好堵漏材料，然后先用泡沫、干粉、二氧化碳或雾状水等扑灭地上的流淌火焰，为堵漏扫清障碍，其次再扑灭泄漏口的火焰，并迅速采取堵漏措施。与气体堵漏不同的是，液体一次堵漏失败，可连续堵几次，只要用泡沫覆盖地面，并堵住液体流淌和控制好周围着火源，不必点燃泄漏口的液体。

## 二、发生人身中毒事故的急救处理

### （一）人身中毒的途径

在危险化学品的储存、运输、装卸、搬倒商品等操作过程中，毒物主要经呼吸道和皮肤进入人体，经消化道者较少。

1. 呼吸道

整个呼吸道都能吸收毒物，尤以肺泡的吸收能量最大。肺泡的总面积达 55～120m$^2$，而且肺泡壁很薄，表面为含碳酸的液体所湿润，又有丰富的微血管，所以毒物吸收后可直接进入大循环而不经肝脏解毒。

2. 皮肤

在搬倒商品等操作过程中，毒物能通过皮肤吸收，毒物经皮肤吸收的数量和速度，除与其脂溶性、水溶性、浓度等有关外，皮肤温度升高，出汗增多，也能促使黏附于皮肤上的毒物易于吸收。

3. 消化道

操作中，毒物经消化道进入体内的机会较少，主要由于手被毒物污染未彻底清洗而取食食物，或将食物、餐具放在车间内被污染，或误服等。

### （二）人身中毒的主要临床表现

1. 神经系统

慢性中毒早期常见神经衰弱综合征和精神症状，多属功能性改变，脱离毒物接触后可逐渐恢复。常见于砷、铅等中毒。锰中毒和一氧化碳中毒后可出现震颤。重症中毒时可发生中毒性脑病及脑水肿。

2. 呼吸系统

一次大量吸入某些气体可突然引起窒息。长期吸入刺激性气体能引起慢性呼吸道炎症，出现鼻炎、鼻中膈穿孔、咽炎、喉炎、气管炎等。吸入大量刺激性气体可引起严重的化学性肺水肿和化学性肺炎。某些毒物可导致哮喘发作，如二异氰酸甲苯酯。

3. 血液系统

许多毒物能对血液系统造成损害，表现为贫血、出血、溶血等。如铅可造成低色素性贫血；苯可造成白细胞和血小板减少，甚至全血减少，成为再生障碍性贫血，苯还可导致白血病；砷化氢可引起急性溶血；亚硝酸盐类及苯的氨基、硝基化合物可引起高铁血红蛋白症；一氧化碳可导致组织缺氧。

4. 消化系统

毒物所致消化系统症状多种多样。汞盐、三氧化二砷经急性中毒可出现急性胃肠炎，铅及铊中毒出现腹绞痛，四氯化碳、三硝基甲苯可引起急性或慢性肝病。

5. 中毒性肾病

汞、镉、铀、铅、四氯化碳、砷化氢等可能引起肾损害。

此外，生产性毒物还可引起皮肤、眼损害、骨骼病变及烟尘热等。

### （三）急性中毒的现场急救处理

发生急性中毒事故，应立即将中毒者及时送医院急救。护送者要向院方提供引起中毒的原因、毒物名称等，如化学物不明，则需带该物料及呕吐物的样品，以供医院及时检测。

如不能立即到达医院时，可采取急性中毒的现场急救处理：

（1）吸入中毒者，应迅速脱离中毒现场，向上风向转移至空气新鲜处。松开患者衣领和裤带。并注意保暖。

（2）化学毒物沾染皮肤时，应迅速脱去污染的衣服、鞋袜等，用大量流动清水冲洗15～30min。头面部受污染时，首先注意眼睛的冲洗。

（3）口服中毒者，如为非腐蚀性物质，应立即用催吐方法，使毒物吐出。现场可用自己的中指、食指刺激咽部、压舌根的方法催吐，也可由旁人用羽毛或筷子一端扎上棉花刺激咽部催吐。催吐时尽量低头、身体向前弯曲，呕吐物不会呛入肺部。误服强酸、强碱，催吐后反而使食道、咽喉再次受到严重损伤，可服牛奶、蛋清等。另外，对失去知觉者，呕吐物会误吸入肺；误喝了石油类物品，易流入肺部引起肺炎。有抽搐、呼吸困难、神志不清或吸气时有吼声者均不能催吐。

对中毒引起呼吸、心跳停者，应进行心肺复苏术，主要的方法有口对口人工呼吸和胸外心脏按压术。参加救护者，必须做好个人防护，进入中毒现场必须戴防毒面具或供氧式防毒面具。如时间短，对于水溶性毒物，如常见的氯、氨、硫化氢等，可暂用浸湿的毛巾捂住口鼻等。在抢救病人的同时，应想方设法阻断毒物泄漏处，阻止蔓延扩散。

## 三、危险化学品烧伤的现场抢救

危险化学品具有易燃、易爆、腐蚀、有毒等特点，在生产、贮存、运输、使用过程中容易发生燃烧、爆炸等事故。出于热力作用，化学刺激或腐蚀造成皮肤、眼的烧伤；有的化学物质还可以从创面吸收甚至引起全身中毒。所以对化学烧伤比开水烫伤或火焰烧伤更要重视。

### （一）化学性皮肤烧伤

化学性皮肤烧伤的现场处理方法是，立即移离现场，迅速脱去被化学物沾污的衣裤、鞋袜等。

（1）无论酸、碱或其他化学物烧伤，立即用大量流动自来水或清水冲洗创面15～30min。

（2）新鲜创面上不要任意涂上油膏或红药水，不用脏布包裹。

（3）黄磷烧伤时应用大量水冲洗、浸泡或用多层湿布覆盖创面。

（4）烧伤病人应及时送医院。

（5）烧伤的同时，往往合并骨折、出血等外伤，在现场也应及时处理。

### （二）化学性眼烧伤

（1）迅速在现场用流动清水冲洗，千万不要未经冲洗处理而急于送医院。

（2）冲洗时眼皮一定要掰开。

（3）如无冲洗设备，也可把头部埋入清洁盆水中，把眼皮掰开。眼球来回转动洗涤。

（4）电石、生石灰（氧化钙）颗粒溅入眼内，应先用蘸石蜡油或植物油的棉签去除颗粒后，再用水冲洗。

# 第五节　油田应急救援和处置程序 ※

## 一、塔里木油田公司应急组织机构

塔里木油田公司应急组织体系由油田公司应急领导小组、专业应急组、机关职能部门和直属机构、二级单位各级应急领导小组、应急队伍、现场应急指挥部、事发承包商组成。塔里木油田公司应急领导小组是公司应急管理工作的最高领导、议事和协调机构，下设工程技术、地面工程、炼化工程、公共服务、维稳防恐、新闻媒体六个专业应急组。各专业应急组分别下设办公室，负责本组日常应急管理工作，落实具体工作事务。塔里木油田公司各应急组织机构之间的工作关系如图 5–1 所示。

## 二、塔里木油田公司应急预案概况

### （一）应急预案体系

塔里木油田公司应急预案一般分三级，塔里木油田公司为Ⅰ级，二级单位为Ⅱ级，基层站队为Ⅲ级，各级应急预案（措施）共有 2470 个（表 5–1）。

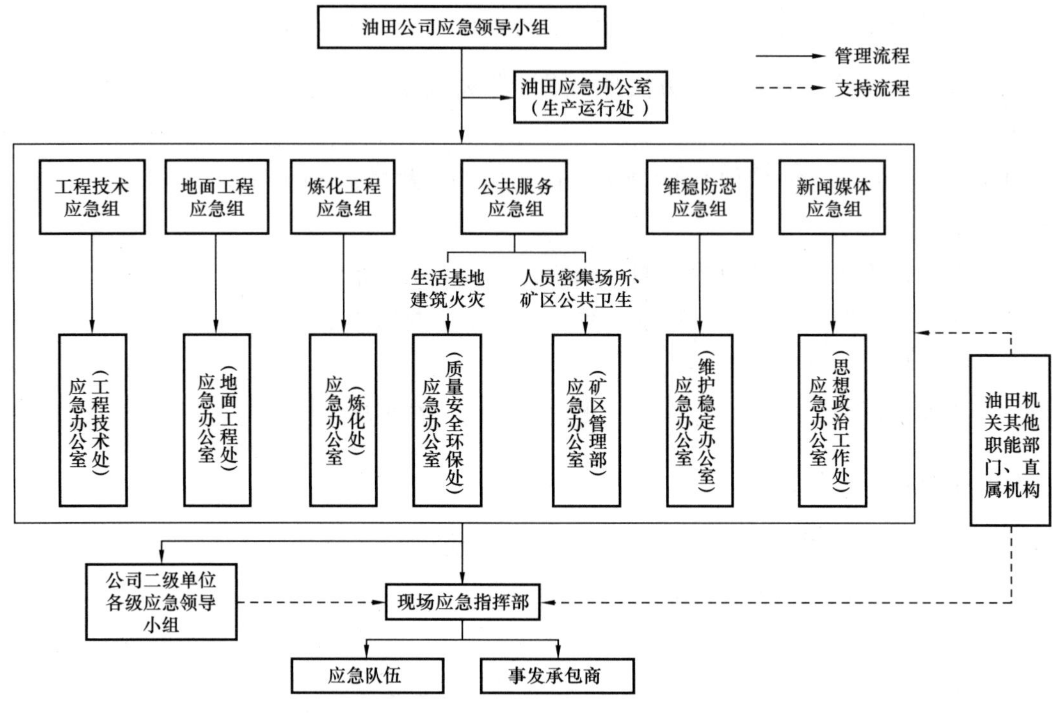


图 5–1　油田应急组织机构工作关系图

**表 5–1　油田各级应急预案统计表**

| 预案级别 | 应急预案数量，个 | | 合计，个 |
|---|---|---|---|
| | 总体预案 | 专项预案 | |
| 塔里木油田公司级预案（Ⅰ级） | 1 | 12 | 13 |
| 二级单位级预案（Ⅱ级） | 29 | 153 | 182 |
| 基层站队级预案（Ⅲ级） | 921 | | 921 |
| 四级应急措施 | 1354 | | 1354 |
| 合计，个 | | | 2470 |

塔里木油田公司Ⅰ级突发事件与集团公司和政府部门应急预案相衔接；塔里木油田公司下属单位应急预案逐级与上一级预案相衔接。塔里木油田公司应急预案体系构成如图 5–2 所示。

### （二）应急处置措施

塔里木油田公司应急处置的具体措施根据事故事件具体情况制订。一般程序和基本原则如下：

（1）监测、勘查、确认事发现场及周边情况。

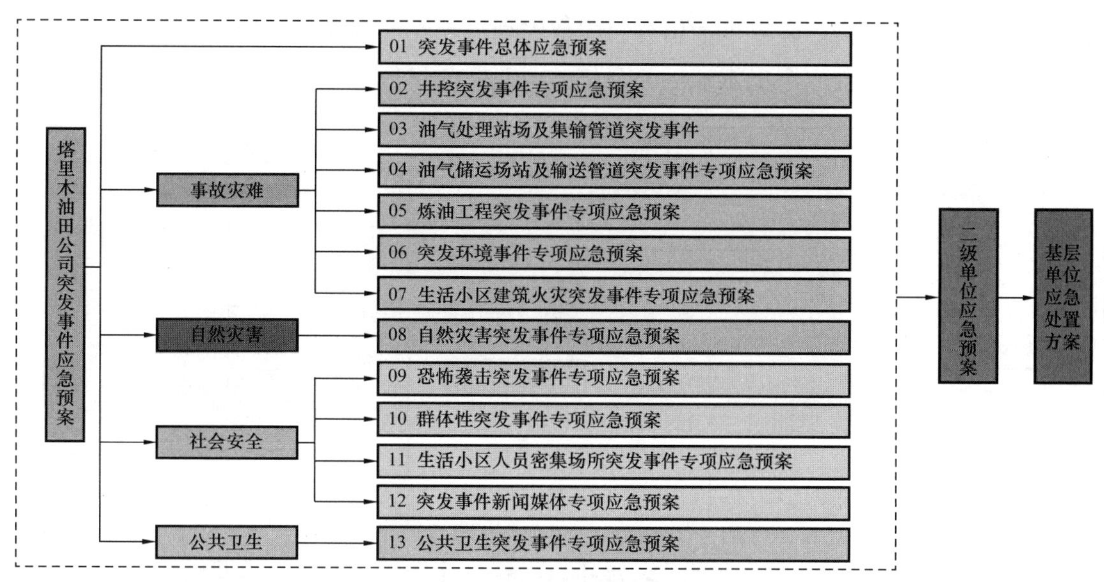


图 5-2 油田应急预案体系图

（2）制订并落实安全防范及事态临时控制措施，包括但不限于：划定安全区、警戒与交通管制、告知相关方、人员疏散、控制污染源、能量隔离、放喷、放空燃烧、喷淋降温等。

（3）制订应急抢险方案，报应急组组长或其授权人批准。

（4）按照抢险方案落实抢险队伍、物资装备，清除事发现场障碍物，为抢险队伍进场及施工做好准备。

（5）组织技术交底，确认安全技术条件。

（6）实施抢险施工。

（7）需要集团公司、地方政府或周边企业支持的，报应急领导小组请求支援。

## 三、塔里木油田公司应急响应原则与程序 ※

塔里木油田公司按照突发事件分级与响应分级一致，与油田各管理层级应急能力相适应的原则，将突发事件一般分为Ⅰ级、Ⅱ级和Ⅲ级。其中，塔里木油田公司Ⅰ级突发事件的分级标准不低于集团公司Ⅱ级突发事件标准、较大以上生产安全事故灾难标准，应对处置主体为塔里木油田公司专业应急组（或塔里木油田公司应急领导小组）；Ⅱ级突发事件的应对处置主体为事发二级单位；Ⅲ级突发事件的应对处置主体为事发基层单位（塔里木油田公司主管部门有特别要求的除外）。

当发生突发事件时，事发单位应立即启动应急响应，现场人员按照应急程序进行先期处置，防止突发事件扩大、升级，并第一时间向上级应急部门报告，不得瞒报、谎报、迟报、漏报。当事态比较严重，超出本单位应急处置能力时，应立即报请上级应急部门启动应急响应予以支持。塔里木油田公司应急影响流程图如图 5-3 所示。

发生Ⅱ级突发事件，塔里木油田公司相关专业应急组接报后立即进入预警状态。

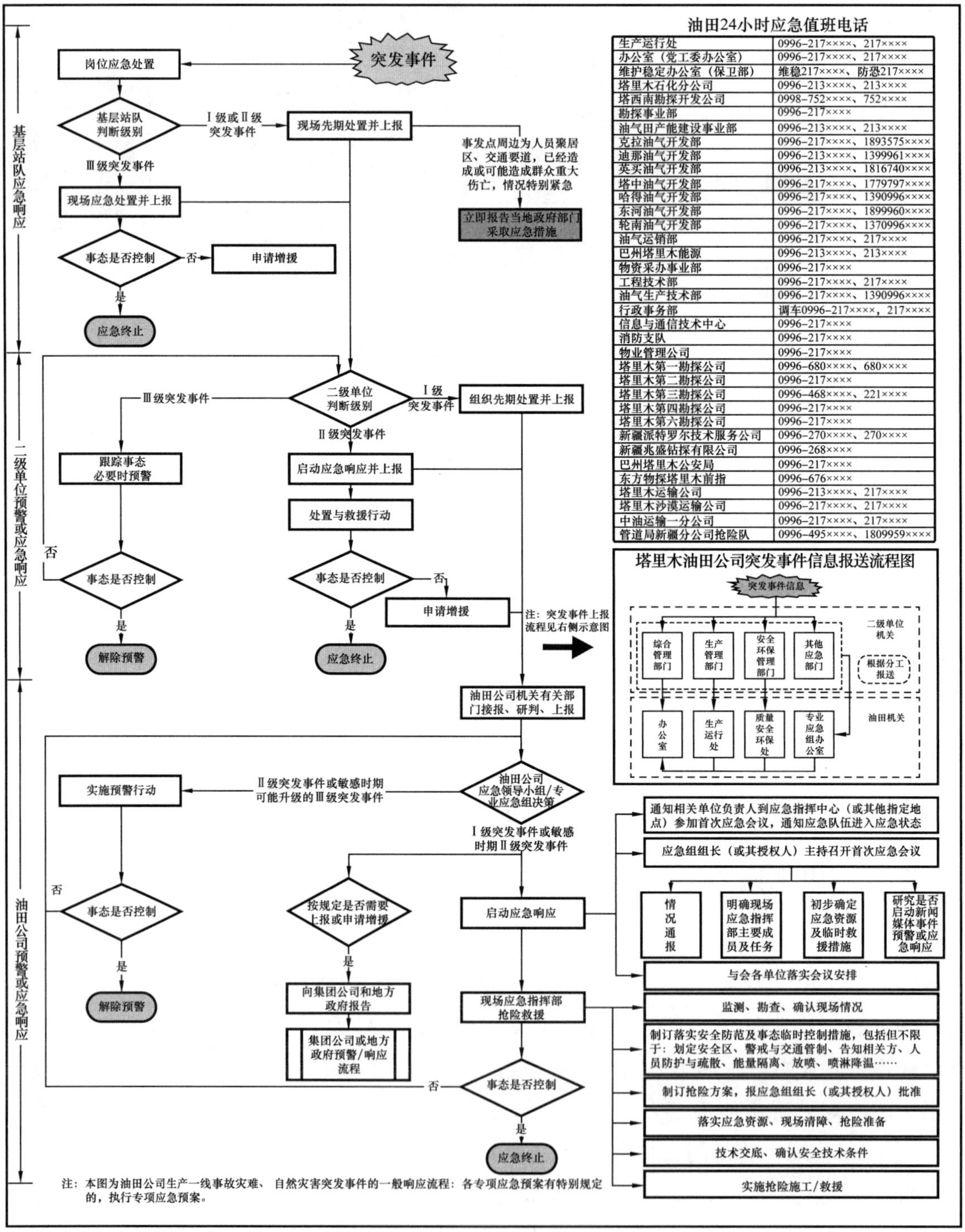

基层站队应急响应

突发事件
岗位应急处置
基层站队判断级别
Ⅰ级或Ⅱ级突发事件
现场先期处置并上报
事发点周边为人员聚居区、交通要道，已经造成或可能造成群众重大伤亡，情况特别紧急
立即报告当地政府部门采取应急措施
Ⅲ级突发事件
现场应急处置并上报
事态是否控制
否
申请增援
是
应急终止

二级单位预警或应急响应

二级单位判断级别
Ⅲ级突发事件
Ⅰ级突发事件
组织先期处置并上报
Ⅱ级突发事件
跟踪事态必要时预警
启动应急响应并上报
处置与救援行动
事态是否控制
否
是
解除预警
事态是否控制
否
申请增援
是
应急终止
注：突发事件上报流程见右侧示意图

油田公司预警或应急响应

油田公司机关有关部门接报、研判、上报
油田公司应急领导小组/专业应急组决策
Ⅱ级突发事件或敏感时期可能升级的Ⅲ级突发事件
实施预警行动
事态是否控制
否
是
解除预警
Ⅰ级突发事件或敏感时期Ⅱ级突发事件
启动应急响应
按规定是否需要上报或申请增援
是
向集团公司和地方政府报告
集团公司或地方政府预警/响应流程
现场应急指挥部抢险救援
事态是否控制
否
是
应急终止

通知相关单位负责人到应急指挥中心（或其他指定地点）参加首次应急会议，通知应急队伍进入应急状态
应急组组长（或其授权人）主持召开首次应急会议
情况通报
明确现场应急指挥部主要成员及任务
初步确定应急资源及临时救援措施
研究是否启动新闻媒体事件预警或应急响应
与会各单位落实会议安排
监测、勘查、确认现场情况
制订落实安全防范及事态临时控制措施，包括但不限于：划定安全区、警戒与交通管制、告知相关方、人员防护与疏散、能量隔离、放喷、喷淋降温……
制订抢险方案，报应急组组长（或其授权人）批准
落实应急资源、现场清障、抢险准备
技术交底、确认安全技术条件
实施抢险施工/救援

油田24小时应急值班电话

|  |  |
|---|---|
| 生产运行处 | 0996-217××××、217×××× |
| 办公室（党工委办公室） | 0996-217××××、217×××× |
| 维护稳定办公室（保卫部） | 维稳217××××、防恐217×××× |
| 塔里木石化分公司 | 0996-213××××、213×××× |
| 塔西南勘探开发公司 | 0998-752××××、752×××× |
| 勘探事业部 | 0996-217×××× |
| 油气田产能建设事业部 | 0996-213××××、213×××× |
| 克拉油气开发部 | 0996-217××××、1893575×××× |
| 迪那油气开发部 | 0996-213××××、1399961×××× |
| 英买油气开发部 | 0996-213××××、1816740×××× |
| 塔中油气开发部 | 0996-217××××、1779797×××× |
| 哈得油气开发部 | 0996-217××××、1390996×××× |
| 东河油气开发部 | 0996-217××××、1899960×××× |
| 轮南油气开发部 | 0996-217××××、1370996×××× |
| 油气运销部 | 0996-217××××、217×××× |
| 巴州塔里木能源 | 0996-213××××、213×××× |
| 物资采办事业部 | 0996-217×××× |
| 工程技术部 | 0996-217××××、217×××× |
| 油气生产技术部 | 0996-217××××、1390996×××× |
| 行政事务部 | 调车0996-217××××，217×××× |
| 信息与通信技术中心 | 0996-217×××× |
| 消防支队 | 0996-217×××× |
| 物业管理公司 | 0996-217×××× |
| 塔里木第一勘探公司 | 0996-680××××、680×××× |
| 塔里木第二勘探公司 | 0996-217×××× |
| 塔里木第三勘探公司 | 0996-468××××、221×××× |
| 塔里木第四勘探公司 | 0996-217×××× |
| 塔里木第六勘探公司 | 0996-217×××× |
| 新疆派特罗尔技术服务公司 | 0996-270××××、270×××× |
| 新疆兆盛钻探有限公司 | 0996-268×××× |
| 巴州塔里木公安局 | 0996-217×××× |
| 东方物探塔里木前指 | 0996-676×××× |
| 塔里木运输公司 | 0996-213××××、217×××× |
| 塔里木沙漠运输公司 | 0996-217××××、217×××× |
| 中油运输一分公司 | 0996-217××××、217×××× |
| 管道局新疆分公司抢险队 | 0996-495××××、1809959×××× |

塔里木油田公司突发事件信息报送流程图

突发事件信息
二级单位机关
综合管理部门
生产管理部门
安全环保管理部门
其他应急部门
根据分工报送
油田机关
办公室
生产运行处
质量安全环保处
专业应急组办公室

注：本图为油田公司生产一线事故灾难、自然灾害突发事件的一般响应流程；各专项应急预案有特别规定的，执行专项应急预案。

图 5-3　塔里木油田公司应急响应流程图

发生Ⅰ级突发事件（或达到其他启动应急响应条件的），应急响应程序如下：

（1）专业应急组组长下达启动Ⅰ级应急响应指令后，迅速赶到油田应急指挥中心（或临时确定地点），同时向塔里木油田公司应急领导小组组长汇报情况。

（2）专业应急组办公室主任接到应急响应启动指令，立即向生产运行处传达应急指令，并通知本部门其他应急人员迅速赶到工作岗位，收集整理应急处置所需文件资料。

（3）生产运行处通知相关单位负责人立即到油田应急指挥中心参加首次应急会议，并做好会议准备，同时通知油田应急队伍进入应急响应准备状态或直接赶赴现场。

（4）专业应急组组长（或塔里木油田公司应急领导小组临时指定负责人）主持召开首次应急会议，主要内容包括：

① 通报突发事件情况。

② 明确现场应急指挥部主要成员及工作任务。

③ 初步判定所需资源，确定临时救援措施。

④ 确定向上级及地方政府汇报内容。

⑤ 研究是否启动新闻媒体事件预警或应急响应。

（5）首次应急会议结束后，现场应急指挥部有关人员迅速赶赴现场，与会各单位落实碰头会议决定的工作事项。

（6）现场应急指挥部抵达现场后，接管现场应急指挥，组织开展应急处置工作。

（7）应急处置结束，险情解除，并确认不会发生次生、衍生事故，现场应急指挥部总指挥下达应急状态解除指令。

注：本程序为应急抢险救援的一般程序和基本原则，专项预案有规定的，执行专项预案，具体由现场应急指挥部结合实际情况确定。

## 四、塔里木油田公司应急队伍及物资装备配备情况 ※

塔里木油田公司采取自建、签订合同或协议相结合的方式，建立落实了消防、井控、管道、通信等7大类16支应急队伍，有力保障了塔里木油田公司各种突发事件应对工作。

### （一）消防队伍

共有3支，分别为塔里木油田消防支队、塔西南勘探开发公司消防大队、巴州公安消防支队库尔勒特勤中队。塔里木油田消防支队为油田自建，有员工约220人，各类主战消防车40台，设有牙哈、轮南、塔中三个消防大队，基地、英买力、克深、克拉、塔三联、哈拉哈塘共6个执勤点。塔西南勘探开发公司消防大队为油田自建，有员工约100人，各类主战消防车9台，主要负责塔西南勘探开发公司消防工作。巴州公安消防支队库尔勒特勤中队是距塔里木石化分公司最近的消防保障力量。

### （二）井控抢险队伍

共有 3 支，分别为油田工程技术部井控欠平衡中心、中国石油天然气集团有限公司井控应急响应救援中心西部分中心、塔里木第二勘探公司井下事业部。油田工程技术部井控欠平衡中心是塔里木油田公司井控装备安装、维修、试压、现场服务的专业化队伍，有井控专家及专业技术人员约 30 人，分别在轮南、库车、塔中建立井控维修及技术服务基地。中国石油天然气集团有限公司井控应急响应救援中心西部分中心是集团公司在库尔勒设立的一个井控抢险中心，常驻员工 10 人，配备了清障设备、冷却掩护灭火设备、井口重建设备、安全监测仪器仪表等，主要在井喷失控情况下参与抢险救援，是塔里木油田公司乃至整个新疆片区重大井控突发事件的专职抢险队伍。塔里木第二勘探公司井下事业部为塔里木油田公司指定的应急压井施工队伍。

### （三）油气管道刺漏抢险队伍

油气管道刺漏抢险队伍共有 2 支，分别为中国石油管道局工程有限公司轮南维抢修中心和华油新海公司管道抢修中心，承担油田以长输管道为主的油气管道刺漏抢险。中国石油管道局工程有限公司轮南维抢修中心共有员工四十余人，配有各类开孔、封堵及配套设备、工具约 130 台（套），可以处置 100～1219mm 管径范围、0～10MPa 压力级别的原油和天然气及液化气管道刺漏抢险。华油新海公司管道抢修中心主要负责塔里木油田公司南疆利民管线刺漏抢险。

### （四）综合应急保障队伍

塔里木油田公司依托塔里木运输公司成立了 1 支综合应急保障队伍，设专职员工 25 人，负责塔里木油田公司储备的应急物资装备运维，配备营房、发电、照明、钻井液罐、防护设备、仪器仪表等 9 大类共约 650 套应急物资装备，可提供井控及综合应急保障支持。

### （五）应急通信保障队伍

应急通信主要依托油田信息与通信技术中心。该单位为油田卫星通信系统的管理和服务部门，从事应急通信保障的人员三十余人，配备卫星小站约 100 套，应急通信指挥车两台，负责确保应急状态下通信畅通，实现抢险现场与基地应急指挥中心音视频联络，交互式应急指挥作业。

### （六）医疗急救队伍

医疗急救可依托巴州人民医院（塔指分院）和中国石化西北地区应急中心。巴州人民医院（塔指分院）前身为油田职工医院，在前线设有 13 个医务室，可及时为油田提供医疗应急救援，必要时可协调巴州人民医院提供医疗救援支持。中国石化西北地区应急中心组建有一支医疗救护队伍，配有医务人员 2 人，救护车 1 辆。

### （七）其他外部依托应急资源

塔里木油田公司与中国石油天然气运输公司、东方地球物理公司、塔里木石油公安局、中国石化西北分公司签订应急保障协议。塔里木运输公司、沙漠运输公司长期为油田提供运输、挖掘、吊装等工程车辆服务。东方地球物理公司为油田山地、沙漠应急抢险队伍，主要承担复杂地理环境下的人员搜救工作。塔里木石油公安局在油田处置突发事件时负责治安、警戒工作。中国石化西北分公司在紧急情况下为油田提供必要的应急物资装备和技术支持，储备有井控抢险大型机具、大功率发电机、300 床位生活营房等应急物资装备。

# 第六节 油田事故事件管理 ※

## 一、事故管理 ※

### （一）报告流程及时限要求

1. 报告流程

事故发生后，事故现场有关人员应当立即向基层单位负责人报告，基层单位负责人应当立即向上一级安全主管部门和相关业务主管部门报告，各单位安全主管部门要立即逐级上报直至油田质量安全环保处和相关业务主管部门，由质量安全环保处向油田安全主管领导报告，油田业务主管部门向油田业务主管领导报告。对较大及以上事故，质量安全环保处应向塔里木油田公司党工委办公室通报。情况紧急时，事故现场有关人员可以直接向油田质量安全环保处和相关业务主管部门报告。

2. 报告时限

油田各类生产安全事故报告时限如图 5-4 所示。需要向当地政府部门报告的事故，由质量安全环保处在 1h 内向事故发生地县级以上人民政府安全生产监督管理部门和负有安全生产监督管理职责的有关部门报告。

### （二）报告内容

报告事故应当包括事故发生单位概况、事故发生的时间、地点及现场情况、事故的简要经过、已经造成或者可能造成的伤亡人数（包括下落不明的人数）和初步估计的直接经济损失、已经采取的措施等。事故报告后出现新情况的，应当及时补报。自事故发生之日起 30d 内，事故造成的伤亡人数发生变化的，应当及时补报。道路交通事故、火灾事故自发生之日起 7d 内，事故造成的伤亡人数发生变化的，应当及时补报。

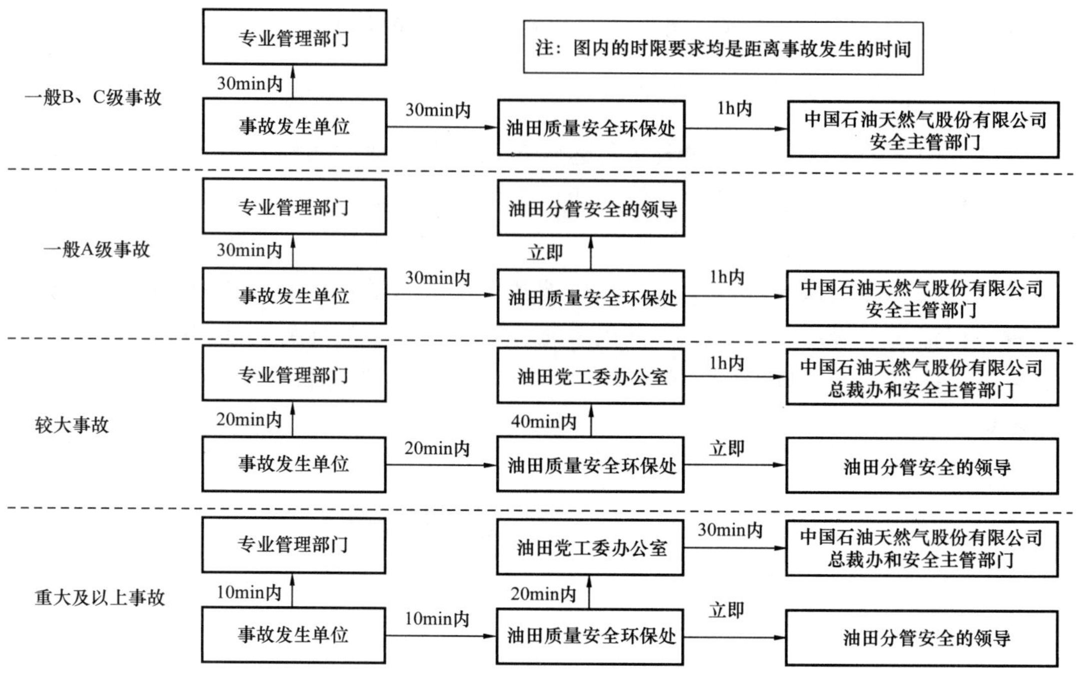


图 5-4 油田各级生产安全事故报告时限图

## （三）事故调查

### 1. 事故调查原则

事故发生后，油田各单位应当积极配合政府和其授权或者委托有关部门组织的事故调查组进行事故调查。对于政府或上级单位委托油田调查的事故，由分管领导组织，直线领导负责成立事故调查组，配合有关部门及时认真地调查处理事故。原则上，一般 C 级事故由塔里木油田公司所属事故单位组织调查，塔里木油田公司视情况派人参加；一般 B 级及以上事故由塔里木油田公司组织调查。涉及业主与承包商双方的事故，由双方共同组成调查组对事故进行调查。

**※ 事故调查处理“四不放过”原则：事故原因不查清不放过；责任人员未处理不放过；整改措施未落实不放过；有关人员未受到教育不放过。**

### 2. 事故调查成员组成

事故调查组成员应当由业务主管部门、安全、生产、设备、人事劳资、监察、工会等有关职能部门人员组成。调查结束后形成事故调查报告，由油田安全部门向政府和上级等委托部门报告。

### 3. 事故调查组职责

（1）查明事故发生的经过、原因、性质、人员伤亡和直接经济损失情况，尤其要查明管理上存在的薄弱环节和规章制度的缺陷。

（2）认定事故的性质和事故责任。

（3）提出对事故责任者的处理建议。

（4）总结事故教训，提出防范和整改措施，事故涉及两个以上单位的责任时，应分别提出处理意见和防范措施。

（5）提交事故调查报告。

（6）根据事故教训编制安全经验分享，上载安全经验分享和行为安全审核系统。

事故调查组及调查人员有权向有关单位和个人了解事故有关情况，并要求其提供相关文件、资料，任何单位和个人不得推诿或拒绝、阻挠。

4. 事故调查报告内容

（1）事故简要概述（发生时间、地点、单位名称、事故类型、人员伤亡状况、直接经济损失等）。

（2）事故单位及其他相关单位概况（成立时间、注册地址、所有制性质、隶属关系、经营范围、证照情况、生产能力、劳动组织情况等，以及事故单位与其他相关单位的关联关系）。

（3）事故相关生产工艺流程、主要设备设施及生产运行状况。

（4）事故发生经过和事故救援情况。

（5）事故造成的人员伤亡和直接经济损失。

（6）事故原因分析及性质认定。

（7）事故责任的认定及对事故责任者的处理建议。

（8）事故防范和整改措施建议。

（9）附件（与事故直接相关的痕迹和对象的照片，事故现场示意图、工艺流程图、技术鉴定结论、直接经济损失统计表，与事故调查报告有关的其他重要材料）。

（10）事故调查组成员应当在事故调查报告上签名。

一般事故 C 级由事故单位召开事故分析会，并视情况在油田生产例会做安全经验分享；一般事故 B 级及以上事故，由塔里木油田公司组织召开事故分析会。

## 二、事件管理

塔里木油田公司 2013 年 11 月发布了事件管理标准，适用于造成人身伤害、工艺设备损坏、危害物料泄漏，对生产和环境造成不利影响或造成财产损失但没有达到一般 C 级事故等级的各种意外情况的报告、调查、分享和统计。

### （一）事件分类

1. 人员伤害事件

人员伤害事件是指员工在工作时发生伤害的意外情况，按轻重程度划分为：急救箱事件、医疗事件、限工事件。

（1）急救（箱）事件：仅需使用现场急救箱做简单处理，不须其他专业医疗治理的情况。

（2）医疗事件：需由专业医护人员进行治疗的伤害事件，并且不影响下一班次的工作。

（3）限工事件：因工作受伤，导致下一工作日只能做其部分工作，或不能工作一个完整班次的情况。

2. 着火（燃爆）事件

在油田生产、办公及生产辅助场所发生的燃烧或燃爆等没有达到一般 C 级事故的意外情况。

3. 生产事件

生产事件是指生产作业过程中发生的停（减）产、跑料、串料、油气泄漏、化学危险品泄漏等直接经济损失在 1000 元以下，且没有人员受到伤害的意外情况，如：发生在油气处理、炼油化工、钻试修井等生产作业过程中的各种意外事件。

4. 设备事件

设备事件是指在生产作业过程中造成机械器具、动力设备、电力通信设施、仪器仪表、锅炉压力容器、管道等损害，造成直接经济损失在 1000 元以下，且没有人员受到伤害的意外情况。

5. 交通运输事件

交通运输事件是指油田车辆造成的人身伤害或者财产损失没有达到一般 C 级事故的意外情况。

6. 幸免事件

幸免事件是发生了不期望发生的事件，因为运气好，没有造成死亡、伤害、职业病、财产损失或其他后果的意外情况。

7. 其他事件

不属于上述六类事件，但又造成财产损失、对环境或生产造成不利影响的没有达到一般 C 级事故的意外情况。

## （二）事件的报告

（1）基层单位发生医疗事件、限工事件、着火（燃爆）事件、交通运输事件或其他事件时，应在 3 个工作日内向作业区及二级单位安全部门报告，并在 5 个工作日内将事件录入安全经验与行为安全审核系统。

（2）急救箱事件：凡是动用急救箱药品、物品急救的事件，均应记录，并写明用途，由属地安全人员每月对急救箱的记录进行统计、分析，识别出急救箱事件，录入系统。

（3）幸免事件：属地安全人员与属地主管每月对发生的事件及经验分享进行分析，识别提炼幸免事件，对有学习或借鉴价值的幸免事件，鼓励上报并录入系统。

（4）生产事件发生后，事件现场有关人员应按规定启动应急处理程序，在3个工作日内向二级单位生产管理部门报告，并在5个工作日内将事件报告油田生产管理部门。

（5）设备事件发生后，事件现场有关人员应按规定启动应急处理程序，在3个工作日内向二级单位设备管理部门报告，并在5个工作日内将事件报告油田设备管理部门。

（6）对于各单位承包商发生的事件，承包商应及时报告业主单位，再按照上述程序报告。

### （三）事件的调查

（1）塔里木油田公司鼓励对各类事件进行调查分析，各单位可根据事件的严重程度和管理价值决定是否进行调查分析，但医疗事件、限工事件、着火（燃爆）事件、交通运输事件必须进行调查分析。

（2）事件（包括承包商事件）的调查应及时，并由发生事件单位的直线领导负责组织调查。事件（调查）报告应在事件发生后15d内完成，由直线领导及相关部门进行审核和批准后按照规定存档，并上报油田安全经验与行为安全审核系统。录入审核系统的事件（调查）报告，各单位应在15个工作日内完成审批，被拒绝的报告应在10个工作日内完成修改。

（3）事件发生单位的直线领导负责落实事件调查报告中的整改措施，并定期进行追踪。

# 第七节　行业典型事故案例※

## 一、印度博帕尔农药厂毒气泄漏事故

1984年12月3日凌晨，印度博帕尔农药厂（以下简称“博帕尔”）发生氰化物泄漏，该起事故共造成6495人死亡、12.5万人中毒、5万人终身受害、二十多万人永久残疾。在整个人类历史上，博帕尔事件被公认是“十大人为环境灾害”之首，是人类历史上最严重的化学工业灾难。

### （一）事故经过

1984年12月2日下午，维修人员尝试清洗工艺管道上的过滤器。在用水反向冲洗过滤器之前，正常的作业程序要求关闭工艺管道上的阀门，并在“隔离法兰”处安装盲板。然而维修人员没有申请作业许可证，没有安装盲板以实现隔离，由于腐蚀，储罐进料管上的阀门发生内部泄漏，作业过程中，1～2t 冲洗水经过该泄漏阀门进入了甲基异氰酸酯储罐。由于甲基异氰酸酯与水发生放热反应，储罐内的温度和压力升高。由于缺乏日常维护，相关的温度和压力仪表未正常工作，控制室内的操作人员没有及时觉察到储罐工况的异常变化。事故前工厂为了节能停用了制冷系统，储罐内甲基异氰酸酯的实际温度为 15～20℃（设计温度 5℃）。1984 年 12 月 3 日凌晨 00：15，储罐内压力迅速升高，有人在工艺区内发现了泄漏出的甲基异氰酸酯。立即尝试启动洗涤器，但没有成功。1984 年 12 月 3 日凌晨 00：20 班长向值班厂长汇报了甲基异氰酸酯泄漏，值班厂长到现场命令装置停车，但已经太迟了。1984 年 12 月 3 日凌晨 00：45，储罐超压、安全阀起跳，随即大量甲基异氰酸酯泄漏到周围环境中，操作人员打开了喷淋水，但是喷淋水只能达到 15m，无法达到 50m 甲基异氰酸酯排放高度。在尝试启动制冷系统时，由于没有制冷剂而失败。工厂启动了毒气泄漏报警系统，但由于人为设置原因 5min 后自动关闭，在 2h 内，约 30t 甲基异氰酸酯进入大气中，工厂下风向 8km 内的区域都暴露在泄漏的化学品中，短时间内造成了周围居民大量伤亡。博帕尔甲基异氰酸酯存储系统工艺流程如图 5-5 所示。

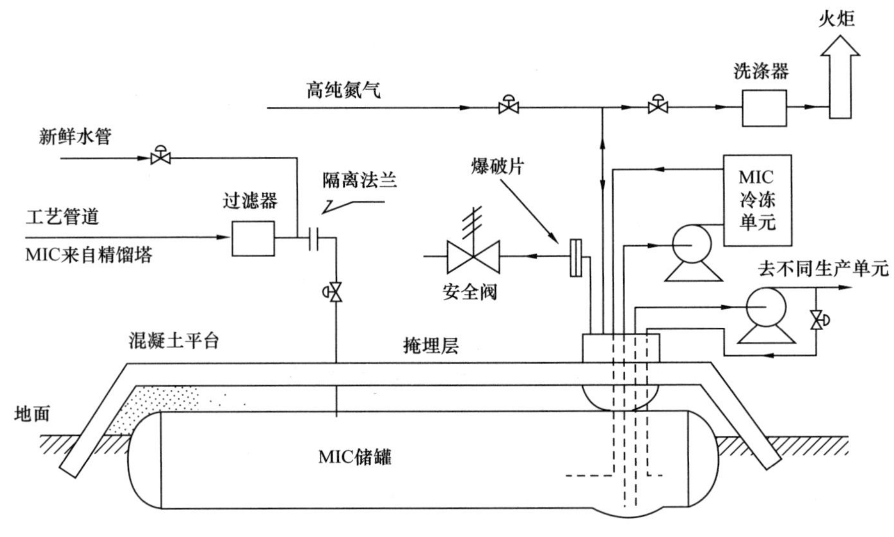

图 5-5　博帕尔甲基异氰酸酯存储系统工艺流程

## （二）事故原因

（1）工厂位置不合适。工厂建造在城市近郊，离火车站只有 1km，距工厂 3km 范围内有两家医院。

（2）未按本质安全的原则进行工厂设计。根据“本质安全”的原则，宜尽量采用无毒或毒性小的化学品替代毒性大的化学品，甲基异氰酸酯是该工厂生产工艺过程中的中间产物，在工厂设计阶段，可以考虑其他工艺路线以避免产生如此毒性的中间产物；当时，已有两家类似的工厂采用了其他替代的工艺路线，从而成功地避免了在工艺生产过程中产生甲基异氰酸酯。

（3）未按本质安全的原则进行工厂操作。按照“本质安全”的原则，在满足工艺基本要求的前提下，应该尽量减少工艺系统内危险化学品的存储量。

（4）安全设施失效。按照原来的设计意图，当发生较小泄漏时，泄漏的气体先经过洗涤器吸收，少量未被洗涤吸收的气体进入火炬，在进入大气之前被焚烧掉。洗涤器能够处理温度为35℃、流量为90kg/h的甲基异氰酸酯蒸气。在事故发生时，甲基异氰酸酯的排放量大约是设计处理流量的200倍；而且火炬正处于维修状况，与工艺系统分开了。另一项安全设施是喷淋水系统，在1984年12月3日凌晨1：00，操作人员启动了喷淋水，但是最高只能喷到离地面15m处，而泄漏的甲基异氰酸酯蒸气达到了离地面50m的高度。

（5）应急反应低效率。在该工厂，少量的泄漏早已司空见惯，而且储罐上的压力计早先已经出现故障，操作人员不再相信它们的结果。

（6）管理层缺乏安全意识。工厂的管理层为了节约成本，不惜以牺牲安全为代价，这是导致一系列不安全条件和不安全行为的重要原因。

### （三）事故教训

（1）企业需要对危害较大的工艺系统等重大的危险源进行系统的工艺危害分析，辨别工艺系统可能出现的偏离正常工况的情形，找出相关的原因与后果，并提出消除或控制危害的改进措施，加强日常监控，提高系统的安全性能。

（2）工艺系统、流程等的改变，要严格执行“三同时”的要求，落实职业健康安全设施必须与主体工程同时设计、同时施工、同时投产使用。工艺系统的重要安全设施（如本案例中的冷冻系统和火炬）不能随意取消或绕过；如果确实需要这样做，应事先按照变更管理程序的要求，对新的做法进行必要的危害分析，并依据分析结果落实必要的安全措施。本案例中的工厂一味追求降低成本，忽视工艺设备安全设施的及时维护，发生泄漏时未能及时采取措施，最终发生这次惨痛的事故。

（3）加强对操作人员和维修人员（包括承包商）的培训和管理。帮助员工和承包商全面了解工艺系统中存在的危害、相关的控制措施及工厂的各项安全管理制度（如作业许可证制度）。

（4）工艺安全需要高度重视。工艺安全事故的后果通常不仅仅是伤害几个人，有可能严重损坏工艺系统本身、造成大量人员伤亡、使整个公司倒闭，甚至给周围公众或环境带来灾难性的后果。

（5）加强对事故和未遂事故的根源分析。在本次灾难性事故发生之前，博帕尔农药厂就发生过多次小规模的甲基异氰酸酯泄漏事故。但是，这些前兆并没有引起工厂管理层的足够重视。经验表明，轻微事故和未遂事故是重大事故的前兆，需要重视工厂所发生的各类事故隐患，仔细分析和消除它们的根源，只有从细微之处着手，全面排查整改，实现本质安全化，才能确保企业生产经营的长久稳定发展。

## 二、天津港“8·12”瑞海国际物流有限公司危险品仓库特别重大火灾爆炸事故

### （一）事故经过

2015 年 8 月 12 日 22：51：46，位于天津市滨海新区吉运二道 95 号的瑞海国际物流有限公司（以下简称“瑞海公司”）危险品仓库运抵区最先起火，2015 年 8 月 12 日 23：34：06 发生第一次爆炸，2015 年 8 月 12 日 23：34：37 发生第二次更剧烈的爆炸。事故现场形成六处大火点及数十个小火点，2015 年 8 月 14 日 16：40，现场明火被扑灭。事故造成 165 人遇难，直接经济损失 68.66 亿元人民币。爆炸冲击波波及区域如图 5-6 所示。

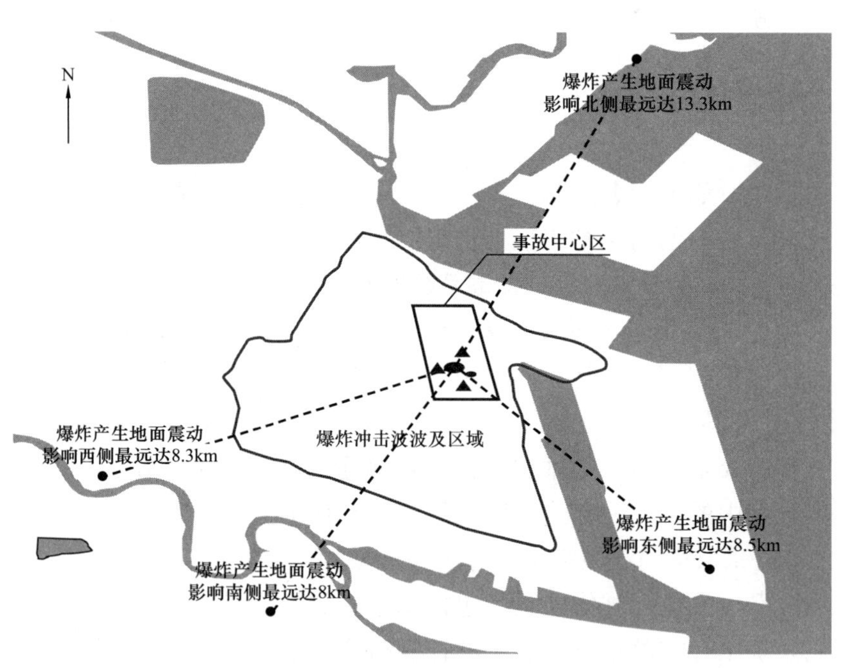


图 5-6　爆炸冲击波波及区域示意图

### （二）事故原因

（1）直接原因：瑞海公司危险品仓库运抵区南侧集装箱内的硝化棉由于湿润剂散失出现局部干燥，在高温（天气）等因素的作用下加速分解放热，积热自燃，引起相邻集装箱内的硝化棉和其他危险化学品长时间大面积燃烧，导致堆放于运抵区的硝酸铵等危险化学品发生爆炸。

（2）间接原因：瑞海公司违法违规经营和储存危险货物，安全管理极其混乱，未履

行安全生产主体责任，致使大量安全隐患长期存在。

### （三）事故教训

（1）事故企业严重违法违规经营。瑞海公司无视安全生产主体责任，置国家法律法规、标准于不顾，只顾经济利益、不顾生命安全，不择手段变更及扩展经营范围，长期违法违规经营危险货物，安全管理混乱，安全责任不落实，安全教育培训流于形式，企业负责人、管理人员及操作工、装卸工都不知道运抵区储存的危险货物种类、数量及理化性质，冒险蛮干问题十分突出，特别是违规大量储存硝酸铵等易爆危险品，直接造成此次特别重大火灾爆炸事故的发生。

（2）危险化学品事故应急处置能力不足。瑞海公司没有开展风险评估和危险源辨识评估工作，应急预案流于形式，应急处置力量、装备严重缺乏，不具备初起火灾的扑救能力。天津港公安局消防支队没有针对不同性质的危险化学品准备相应的预案、灭火救援装备和物资，消防队员缺乏专业训练演练，危险化学品事故处置能力不强；天津市公安消防部队也缺乏处置重大危险化学品事故的预案及相应的装备；天津市政府在应急处置中的信息发布工作一度安排不周、应对不妥。

## 三、山东省青岛市“11·22”中国石油化工股份有限公司东黄输油管道泄漏爆炸特别重大事故

2013 年 11 月 22 日 10：25，位于山东省青岛经济技术开发区的中国石油化工股份有限公司管道储运分公司（以下简称“中石化管道分公司”）东黄输油管道泄漏原油进入市政排水暗渠，在形成密闭空间的暗渠内油气积聚遇火花发生爆炸，造成 62 人死亡、136 人受伤，直接经济损失 75172 万元。

### （一）事故经过

2013 年 11 月 22 日 2：12，潍坊输油处调度中心通过数据采集与监视控制系统发现东黄输油管道黄岛油库出站压力从 4.56MPa 降至 4.52MPa，两次电话确认黄岛油库无操作因素后，判断管道泄漏；2013 年 11 月 22 日 2：25，东黄输油管道紧急停泵停输。2013 年 11 月 22 日 3：40 左右，青岛站人员到达泄漏事故现场，确认管道泄漏位置距黄岛油库出站口约 1.5km，位于秦皇岛路与斋堂岛街交叉口处。组织人员清理路面泄漏原油，并请求潍坊输油处调用抢险救灾物资。2013 年 11 月 22 日 4：00 左右，青岛站组织开挖泄漏点、抢修管道，安排人员拉运物资清理海上溢油。2013 年 11 月 22 日 7：00 左右，潍坊输油处组织泄漏现场抢修，使用挖掘机实施开挖作业；2013 年 11 月 22 日 7：40，在管道泄漏处路面挖出 2m × 2m × 1.5m 作业坑，管道露出；2013 年 11 月 22 日 8：20 左右，找到管道泄漏点。2013 年 11 月 22 日 9：15，中石化管道分公司通知现场人员按照预案成立现场指挥部，做好抢修工作；2013 年 11 月 22 日 9：30 左右，潍坊输油处副处长报告中国石油化工

股份有限公司管道储运分公司，潍坊输油处无法独立完成管道抢修工作，请求中石化管道分公司抢维修中心支持。2013 年 11 月 22 日 10：25，现场作业时发生爆炸，排水暗渠和海上泄漏原油燃烧。如图 5-7 所示。

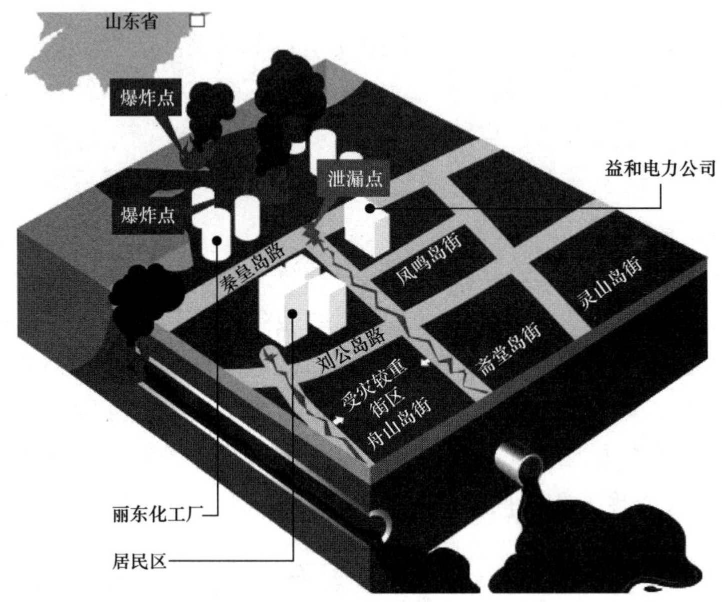


图 5-7 东黄输油管道爆炸示意图

## （二）事故原因

1. 直接原因

输油管道与排水暗渠交汇处管道腐蚀减薄、管道破裂、原油泄漏，流入排水暗渠及反冲到路面。原油泄漏后，现场处置人员采用液压破碎锤在暗渠盖板上打孔破碎，产生撞击火花，引发暗渠内油气爆炸。

2. 间接原因

（1）中国石油化工集团公司及下属企业安全生产主体责任不落实，隐患排查治理不彻底，现场应急处置措施不当。

（2）青岛市人民政府及开发区管委会贯彻落实国家安全生产法律法规不力。

（3）管道保护工作主管部门履行职责不力，安全隐患排查治理不深入。

（4）开发区规划、市政部门履行职责不到位，事故发生地段规划建设混乱。

（5）青岛市及开发区管委会相关部门对事故风险分析失误，导致应急响应不力。

## （三）事故教训

（1）切实落实企业主体责任，深入开展隐患排查治理。各油气管道运营单位要认真履行安全生产主体责任，加大人力物力投入，加强油气管道日常巡护，保证设备设施完好，确保安全稳定运行。要建立健全隐患排查治理制度，落实企业主要负责人的隐患排查治理第一责任，实行谁检查、谁签字、谁负责，做到不打折扣、不留死角、不走过场。

（2）完善油气管道应急管理，全面提高应急处置水平。各级领导干部要带头熟悉、掌握应急预案内容和现场救援指挥的必备知识，提高应急指挥能力；接到事故报告后，基层领导干部必须第一时间赶到事故现场，不得以短信形式代替电话报告事故信息。

（3）油气管道企业要根据输送介质的危险特性及管道状况，制订有针对性的专项应急预案和现场处置方案，并定期组织演练，检验预案的实用性、可操作性，不能“一定了之”“一发了之”；要加强应急队伍建设，提高人员专业素质，配套完善安全检测及管道泄漏封堵、油品回收等应急装备；对于原油泄漏要提高应急响应级别，在事故处置中要对现场油气浓度进行检测，对危害和风险进行辨识和评估，做到准确分析，杜绝盲目处置，防止油气爆炸。

## 四、辽宁省大连市“6·2”某石化公司三苯罐区较大爆炸火灾事故

2013 年 6 月 2 日 14：27，辽宁省大连市某石化公司第一联合车间三苯罐区小罐区 939# 杂料罐在动火作业过程中发生爆炸、泄漏物料着火，并引起 937#、936#、935# 三个储罐相继爆炸着火，造成 4 人死亡，直接经济损失 697 万元。如图 5–8 所示。

图 5–8 事故现场各罐情况图

### （一）事故经过

2013 年 6 月 2 日 9：30 左右，三苯罐区外操工慈某与安全员王某一起登上 939# 罐顶，王某闻到很重的油气味，但无法确定泄漏源，慈某用便携式可燃气体报警器对观察孔处可燃气体浓度进行了检测，王某检查检尺口，并将卡扣卡好后用防火布盖上，确认呼吸阀盲板已加上。因泡沫发生器附近油气味道大，随即要求施工单位将泡沫发生器用黄泥堵上、将仪表小平台护栏用防火布围上。王某将动火票交给慈某，随后离开 939# 罐

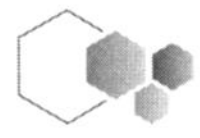


施工现场。2013 年 6 月 2 日 10：30 左右，慈某将动火票交给施工公司现场作业人员，施工人员使用气焊等工具对腐蚀的仪表小平台板进行拆除。

2013 年 6 月 2 日 13：40，施工公司 4 名作业人员开始 939# 罐作业，1 人在罐下清扫地面，1 人在维修仪表小平台铺设新花纹板，2 人在罐顶进行动火作业。

2013 年 6 月 2 日 14：27：53（工厂监控视频显示时间），939# 罐突然发生爆炸着火，罐体破裂，着火物料在防火堤中蔓延（各罐之间无隔堤），小罐区防火堤内形成池火。2013 年 6 月 2 日 14：28：01、14：28：29、14：30：43，937# 罐、936# 罐、935# 罐相继爆炸着火。

## （二）事故原因

1. 直接原因

施工公司作业人员在罐顶违规违章进行气割动火作业，切割火焰引燃泄漏的甲苯等易燃易爆气体，回火至罐内引起储罐爆炸。

2. 间接原因

与化工企业有关的原因有：

（1）该石化公司安全管理责任不落实，管理及作业人员安全意识淡薄，制度执行不认真不严格，检维修管理、动火管理和承包商管理严重缺失。

（2）施工公司未能依法履行安全生产主体责任，未取得劳务分包企业资质就非法承接项目；企业规章制度不健全不落实，员工安全意识淡薄，违章动火；未对现场作业实施有效的安全管控。

## （三）事故教训

化工企业应吸取的事故教训如下：

（1）依法建立健全并严格落实各级管理人员和从业人员的安全生产责任制，尤其是法定代表人负责制。

（2）严格执行安全生产法律法规和规程标准，进一步完善企业安全管理制度，并采取措施，切实执行下去、落实到位。

（3）加强包括承包商在内的安全生产宣传教育，强化安全培训，强化各级管理者和全体员工的安全知识和技能。

（4）加大安全投入，推进技术进步，改善安全生产条件，不断提升本质安全水平。在此基础上，要全面加强企业的生产技术、设备设施和现场管理等，切实夯实安全生产基础。

（5）进一步强化动火、进入受限空间等特殊作业的安全管理，严格按照有关规定，严格条件确认、严格作业许可、严格现场监控，确保作业施工安全。

（6）全面加强承包商管理，修订完善承包商管理规定，明确各级领导、各部门、车间管理对承包商管理职责，坚持对承包商进行资质审查，选择具备相应资质、安全业绩好的企业作为承包商，强化对承包商、分包商施工全过程的安全监管，且要向其进行作业现场安全交底，对承包商的安全作业规程、施工方案和应急预案进行审查。

（7）对检维修作业安全要全面负责，并进行全过程监督管理。

## 五、山东省日照市“7·16”某石化有限公司较大着火爆炸事故

2015年7月16日7：39，山东省日照市某石化有限公司液化烃球罐在倒罐作业时发生泄漏着火，引起爆炸，在事故救援过程中造成2名消防队员受轻伤，直接经济损失2812万元。

### （一）事故经过

2015年7月16日，山东省日照市某石化有限公司液化烃球罐倒罐作业过程中，当班人员每小时进行巡检，最后一次巡检时间为2015年7月16日上午7：27。倒罐作业的同时，两名外来施工女工在7#罐的脚手架上从事刷清漆剂作业。2015年7月16日7：37：38，连接6#罐底脱水线的排水消防水带发生液化石油气泄漏，消防水带在地面上浮起，且越来越高；2015年7月16日7：38：24，消防水带呈“甩龙”状剧烈舞动；2015年7月16日7：39：20，发生爆燃；2015年7月16日9：16，6#罐和相邻的8#罐底部区域发生爆炸；2015年7月16日9：27：15，8#罐发生罐体撕裂并爆炸；2015年7月16日9：37：56，6#罐发生爆炸飞出，现场形成蘑菇云爆炸，并导致2#罐和4#罐倒塌，2#罐和7#罐着火，多罐及罐区上下管线、管廊支架等设备设施不同程度损坏。第一次爆炸发生后，救援指挥部组织人员撤离到安全区域，并制订了维持稳定燃烧的救援方案。2015年7月17日7：24左右，现场救援人员关闭最后一处着火点7#罐顶部磁翻板液面计的母管阀门后，罐区明火全部熄燃。

### （二）事故原因

1. 直接原因

（1）该石化有限公司在进行倒罐作业过程中，违规采取注水倒罐置换的方法，且在切水过程中无人现场值守，致使液化石油气在水排完后从排水口泄出，泄漏过程中产生的静电放电或消防水带剧烈舞动时，金属接口及捆绑铁丝与设备或管道撞击产生火花引起爆燃。

（2）由于厂区没有仪表风，气动阀临时改为手动操作并关闭了6#罐的根部手阀，事故发生后储罐周边火势较大，不能进入现场打开根部手阀、紧急切断阀和注水线气动阀，无法通过向6#罐注水的方式阻止液化石油气继续排出；罐顶安全阀前后手动阀关闭。瓦斯放空线总管在液化烃罐区界区处加盲板隔离，无法通过火炬系统对液化石油气进行安

全泄放，重要安全防范措施无法正常使用。

2. 间接原因

与化工企业有关的原因有：

（1）严重违反石油石化企业“人工切水操作不得离人”的明确规定，切水作业过程中无人在现场实时监护，排净水后液化气泄漏时未能第一时间发现和处置。

（2）企业违规将罐区在用球罐安全阀的前后手阀、球罐根部阀关闭，将低压液化气排火炬总管加盲板隔断。

（3）通过罐顶部低压液化气管线，采用倒出罐注水加压、倒入罐切水卸压的方式进行倒罐操作，存在很大安全风险，企业没有制订倒罐操作规程，未对作业过程进行预先危险性分析，没有安全作业方案，没有进行风险辨识。

（4）未按照规定要求对危险化学品重大危险源进行管控，球罐区自动化控制设施不完善，仅具备远传显示功能，不能实现自动化控制；紧急切断阀因工厂停仪表风改为手动，失去安全功效。

（5）$100\times10^4$t/a 含硫含酸重质油综合利用装置项目，2014 年 10 月取得试生产（使用）方案备案告知书前属非法生产。

（6）操作人员未取得压力容器和压力管道操作资格证，属无证上岗。

（7）安全培训不到位，管理人员专业素质低，操作人员刚刚从装卸站区转岗到球罐区工作，未经转岗培训，岗位技能不足。

### （三）事故教训

化工企业应吸取的事故教训如下：

（1）危险化学品企业要按照“五落实五到位”要求，进一步明确和细化企业的安全生产主体责任，建立健全“横向到边、纵向到底”安全生产责任体系，切实把安全生产责任落实到生产经营的每个环节、每个岗位和每名员工。

（2）各危险化学品企业要认真贯彻落实《化工（危险化学品）企业保障生产安全十条规定》和《油气罐区防火防爆十条禁令》（安监总政法〔2017〕15 号），全面加强液化烃罐区安全管理工作。

（3）危险化学品企业要制订落实变更管理制度，严格变更管理。当工艺、设备、设施需要发生变更时，要严格履行变更程序，编制变更方案，明确相关责任，组织进行风险分析，制订应急处置方案，并按照要求严格审批。

（4）危险化学品企业要严格按照《中华人民共和国特种设备安全法》的规定，加强对压力容器、压力管道等特种设备的日常安全管理，定期进行检测检验，严禁违规使用压力容器、压力管道。

（5）危险化学品企业要进一步完善监测监控、报警联锁和控制设施措施，按规定对安全设施进行检测检验、维护保养，确保安全设施完好有效运行。

## 六、吉林省“11·13”中国石油天然气股份有限公司吉林石化分公司双苯厂硝基苯精馏塔爆炸事故

2005 年 11 月 13 日，中国石油天然气股份有限公司吉林石化分公司双苯厂（以下简称“吉林石化”）硝基苯精馏塔发生爆炸，造成 8 人死亡，60 人受伤，直接经济损失 6908 万元，并引发松花江水污染事件。国务院事故及事件调查组认定，吉林石化“11·13”爆炸事故和松花江水污染事件是一起特大生产安全责任事故和特别重大水污染责任事件。如图 5-9 所示。

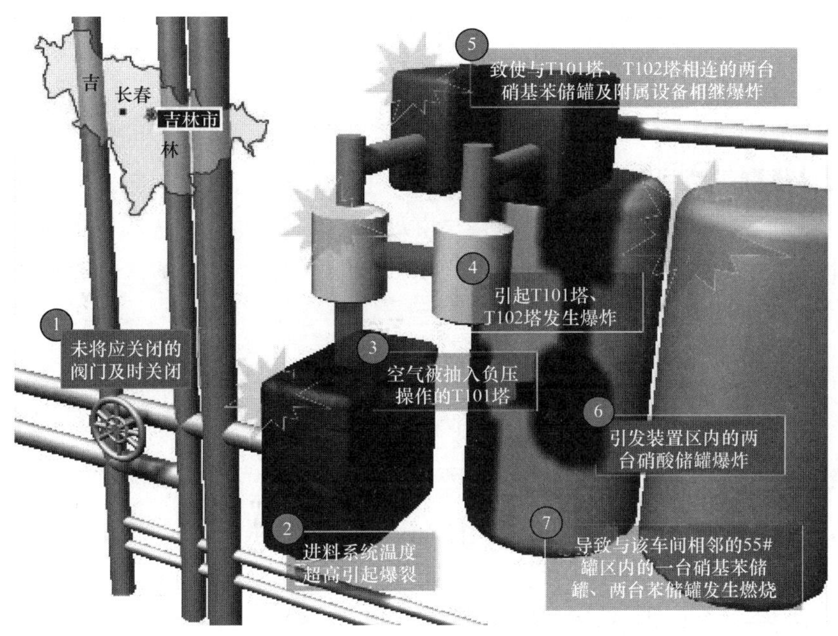


图 5-9 事故直接原因示意图

### （一）事故经过

2005 年 11 月 13 日，因苯胺二车间硝基苯精馏塔塔釜蒸发量不足、循环不畅，替休假内操顶岗操作的二班班长徐某组织停硝基苯初馏塔和硝基苯精馏塔进料，排放硝基苯精馏塔塔釜残液，降低塔釜液位。2005 年 11 月 13 日 10：10，徐某组织人员进行排残液操作。在进行该项操作前，错误地停止了硝基苯初馏塔 T101 进料，没有按照规程要求关闭硝基苯进料预热器 E102 加热蒸汽阀，导致进料温度升高，在 15min 内温度超过 150℃量程上限。2005 年 11 月 13 日 11：35 左右，徐某回到控制室发现超温，关闭了硝基苯进料预热器蒸汽阀，硝基苯初馏塔进料温度开始下降至正常值。

2005 年 11 月 13 日 13：21，在组织 T101 进料时，再一次错误操作，没有按照“先冷

后热”的原则进行操作，而是先开启进料预热器的加热蒸汽阀，7min后，进料预热器温度再次超过150℃量程上限。2005年11月13日13：34启动了硝基苯初馏塔进料泵向进料预热器输送粗硝基苯，当温度较低的26℃粗硝基苯进入超温的进料预热器后，由于温差较大，加之物料急剧气化，造成预热器及进料管线法兰松动，导致系统密封不严，空气被吸入到系统内，与T101塔内可燃气体形成爆炸性气体混合物，引发硝基苯初馏塔和硝基苯精馏塔相继发生爆炸。5次较大爆炸，造成装置内2个塔、12个罐及部分管线、罐区围堰破损，大量物料除爆炸燃烧外，部分物料在短时间内通过装置周围的雨排水口和清净下水井由东10号线进入松花江，引发了重大水污染事件。

## （二）事故原因

### 1. 爆炸事故的直接原因

硝基苯精制岗位外操人员违反操作规程，在停止粗硝基苯进料后，未关闭预热器蒸气阀门，导致预热器内物料气化；恢复硝基苯精制单元生产时，再次违反操作规程，先打开了预热器蒸汽阀门加热，后启动粗硝基苯进料泵进料，引起进入预热器的物料突沸并发生剧烈振动，使预热器及管线的法兰松动、密封失效，空气吸入系统，由于摩擦、静电等原因，导致硝基苯精馏塔发生爆炸，并引发其他装置、设施连续爆炸。

### 2. 爆炸事故的主要原因

吉林石化分公司对安全生产管理重视不够、对存在的安全隐患整改不力，安全生产管理制度存在漏洞，劳动组织管理存在缺陷。

### 3. 污染事件的直接原因

吉林石化分公司没有事故状态下防止受污染的“清净下水”流入松花江的措施，爆炸事故发生后，未能及时采取有效措施，防止泄漏出来的部分物料、循环水、抢救事故现场消防水与残余物料的混合物流入松花江。

### 4. 污染事件的主要原因

（1）吉林石化分公司对可能发生的事故会引发松花江水污染问题没有进行深入研究，有关应急预案有重大缺失。

（2）吉林市事故应急救援指挥部对水污染估计不足，重视不够，未提出防控措施和要求。

（3）中国石油天然气集团公司和中国石油天然气股份有限公司对环境保护工作重视不够，对吉林石化分公司环保工作中存在的问题失察，对水污染估计不足，重视不够，未能及时督促采取措施。

（4）吉林市环保局没有及时向事故应急救援指挥部建议采取措施。

（5）吉林省环保局对水污染问题重视不够，没有按照有关规定全面、准确地报告水污染程度。

（6）环保总局在事件初期对可能产生的严重后果估计不足，重视不够，没有及时提出妥善处置意见。

## 七、“6·3”克拉作业区中央处理厂脱水脱烃装置爆炸事故

2005年6月3日，天然气事业部克拉作业区中央处理厂第六套脱水脱烃装置在投运过程中发生爆炸，事故造成2人死亡，经济损失928.17万元。

### （一）事故经过

2005年6月3日，克拉2中央处理厂组织投运第六套脱水脱烃装置。2005年6月3日10：50第六套装置进气，2005年6月3日12：30，升压至工作压力，稳压。温度逐渐降至零下21℃（设计最低温度为零下40℃），未发现异常现象。2005年6月3日14：20，值班人员发现第六套装置醇烃加热器温度未升至正常温度，现场检查发现其导热油管线上的8字盲板未调整至正常位置，通知塔西南公司检修队伍派人到现场进行处理。2005年6月3日14：45，检修人员齐某、熊某到现场调整盲板，其余人员撤离。2005年6月3日15：10，处理厂中央控制室值班人员听到强烈爆炸声，随后看到装置区6号装置附近的火光，低温分离器发生爆炸，爆炸裂片击穿干气聚结器，引起连锁爆炸后发生火灾。操作主岗立即启动全厂紧急停车程序，启动火灾爆炸应急预案。正在生产的4口井全部自动关井，切断进站气源。值班副岗立即启动消防喷淋系统，对凝析油储罐进行喷淋降温。对2005年6月3日16：00，由于自动控制电缆在爆炸时严重损坏，出站外输切断阀已不能自动关断，对出站外输切断阀实行手动关闭，但因火势太大，热辐射温度较高，人员无法靠近，只能开车至克拉—轮南输气干线1号阀室（距离处理厂14km）进行手动关断。2005年6月3日16：30，装置区火势逐步减弱。2005年6月3日17：00，抢险人员身穿防火服进入出站外输切断阀处手动关断，并打开现场的消防干粉罐，对管廊架上着火的导热油管线进行灭火。2005年6月3日17：50，装置区火焰完全扑灭。

### （二）事故原因

1. 直接原因

由于焊接缺陷，导致低温分离器在正常操作条件下开裂泄漏后发生物理爆炸。事故的过程是低温分离器在爆炸泄漏后，其爆炸裂片击穿附近的干气聚结器，导致干气聚结器发生连锁爆炸后立即起火。如图5–10所示。

2. 间接原因

（1）制造厂管理松懈，焊接工艺不完善，制造工艺不成熟，造成焊接中产生裂纹及其他焊接缺陷，导致筒节冷卷和热校圆过程中材料的脆化程度加剧。

（2）探伤检测和审核等过程把关不严，造成低温分离器存在较多的质量问题。

（3）设计单位在材料选用上对低温分离器复材和基材两种材料制造工艺了解不够，导致制造过程中基材产生一定程度脆化。

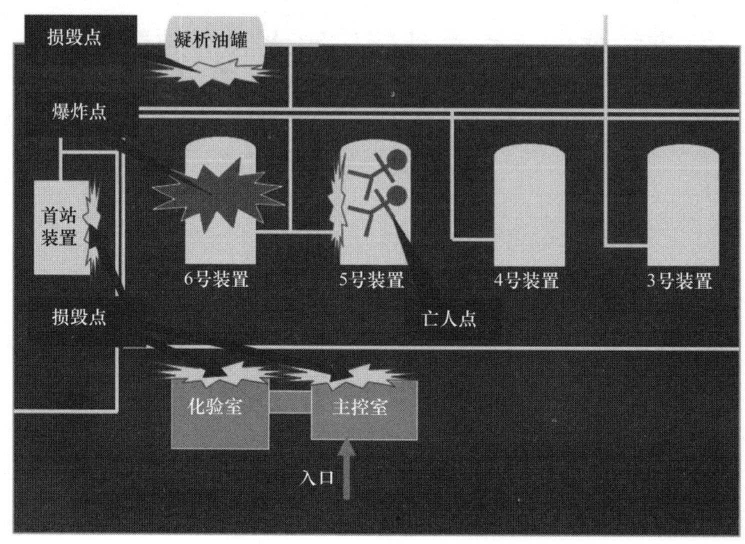


图 5-10　事故示意图片

（4）西安市锅炉压力容器检验所未按《压力容器产品安全质量监督检验规则》要求，对新型材料的焊接工艺评定进行确认，但发放了压力容器产品安全性能监督检验证书。

（5）监造单位没有认真履行职责，对制造缺陷没有及时发现或督促制造厂对缺陷及时处理。

## （三）事故教训

（1）在油气处理厂设置独立的 ESD 系统非常必要，天然气处理厂一旦发生火灾爆炸事故，最有效的扑救方法是快速切断气源，切断气源的速度越快，事故的损失越小。在此次事故中，能够在短时间内迅速关断井上的气源和全部进站气源，ESD 系统起到了重要作用。对于易燃易爆装置，必须制订科学合理且针对性强的应急预案。

（2）在重要的油气处理厂站设计时，应采取成熟、可靠的工艺、技术、材料、设备，这次事故中爆炸的低温分离器所用的耐低温、耐腐蚀的复合材料，在国内没有成功使用先例的情况下，不应在关键工程中设计使用。

（3）因天然气发生火灾时热辐射温度高，抢险人员根本无法靠近扑救，所以，在切断气源前，无法实现采用现场的消防设备手动灭火。因此，在高压气井设置井下、井口安全阀，在进站集气管线和外输出站管线设计安装紧急关断阀和紧急放空阀都是非常必要的。

（4）对于处理量大、压力高的天然气处理厂，装置应适当增加安全距离。油气处理厂中央控制室一侧，应设置防爆墙，且不宜开窗。输气干线沿线阀室应设计自动远程控制关断功能。

（5）设备制造、安装、投运方面严把设备验收关。对设备从设计、制造、运输、安装等环节严格按标准进行验收，对于重点设备采取必要的检测手段。

（6）压力容器安装完毕后，应严格按照技术标准开展整体试压，试压过程中，严格做好监测，对监测数据进行分析。

（7）严格制订装置试运行方案，并按方案组织试运，期间对重点部位、关键控制点加强检查，严禁超温、超压运行。

## 八、河北省张家口市“11·28”盛华化工有限公司重大爆燃事故

2018 年 11 月 28 日 0：41，张家口市桥东区大仓盖镇盛华化工有限公司（以下简称“盛华公司”）附近发生一起爆炸事故，事故造成 24 人死亡（其中 1 人后期医治无效死亡）、21 人受伤，38 辆大货车和 12 辆小型车损毁，直接经济损失 4148.8606 万元。

### （一）事故经过

2018 年 11 月 27 日 23：00，盛华公司聚氯乙烯车间氯乙烯工段丙班接班，接班时生产无异常。接班后袁 ×× 在中控室盯岗操作，李 ×× 在中控室查看转化及精馏数据，未见异常。

2018 年 11 月 27 日 23：20 左右，精馏巡检工郭 × 和张 ×× 从中控室出来，直接到巡检室。

2018 年 11 月 27 日 23：40 左右，班长李 ×× 到冷冻机房检查未见异常，之后在冷冻机房用手机看视频。

2018 年 11 月 28 日 0：36：53，DCS 运行数据记录显示，压缩机入口压力降至 0.05kPa。中控室视频显示，精馏 DCS 操作员袁 ×× 在之后 3min 内进行了操作；DCS 运行数据记录显示，回流阀开度在约 3min 内由 30% 调整至 80%。

2018 年 11 月 28 日 0：39：19，DCS 运行数据记录显示，气柜高度快速下降，袁 ×× 用对讲机呼叫郭 ×，汇报气柜波动，通知其去检查。随后袁 ×× 用手机向李 ×× 汇报气柜波动大。

李 ×× 在 2018 年 11 月 28 日 0：41 左右听见爆炸声，看见厂区南面起火，立即赶往中控室通知调度侯 ××。侯 ×× 电话请示生产运行总监郭 ×× 后，通知转化岗 DCS 操作员孟 ×× 启动紧急停车程序，孟 ×× 使用固定电话通知乙炔、烧碱和合成工段紧急停车，停止输气。

同时，李 ××、郭 ×、张 ×× 一起打开球罐区喷淋水，随后对氯乙烯打料泵房及周围进行灭火，在灭掉氯乙烯打料泵房及周围残火后，返回中控室。调取气柜东北角的监控视频（视频时间比北京时间慢 422s），显示 1# 氯乙烯气柜发生过大量泄漏；2018 年 11 月 28 日 0：40：55 观察到气柜南侧厂区外火光映入视频画面，2018 年 11 月 28 日 0：42：44，气柜区起火。

张家口市消防支队指挥中心接到报警后，调动 7 个执勤中队、21 部执勤车、120 余名指战员参与处置。2018 年 11 月 28 日 2：48 明火基本扑灭。如图 5–11 所示。

图 5–11　事故示意图片

### （二）事故原因

1. 直接原因

盛华公司违反《气柜维护检修规程》（SHS 01036—2004）第 2.1 条和“盛华化工有限公司低压湿式气柜维护检修规程”的规定，聚氯乙烯车间的 1# 氯乙烯气柜长期未按规定检修，事发前氯乙烯气柜卡顿、倾斜，开始泄漏，压缩机入口压力降低，操作人员没有及时发现气柜卡顿，仍然按照常规操作方式调大压缩机回流，进入气柜的气量加大，加之调大过快，氯乙烯冲破环形水封泄漏，向厂区外扩散，遇火源发生爆燃。

2. 间接原因

（1）企业不重视安全生产。新材料公司未设置负责安全生产监督管理工作的独立职能部门，对下属盛华公司主要负责人及部分重要部门负责人长期不在盛华化工公司、安全生产管理混乱、隐患排查治理不到位、安全管理缺失等问题失察失管。

（2）盛华公司安全管理混乱。违反《中华人民共和国安全生产法》第二十二条的规定，主要负责人及重要部门负责人长期不在公司，劳动纪律涣散，员工在上班时间玩手机、脱岗、睡岗现象普遍存在，不能对生产装置实施有效监控，工艺管理形同虚设，操作规程过于简单，没有详细的操作步骤和调控要求，不具有操作性；操作记录流于形式，装置参数记录简单，设备设施管理缺失，违反《气柜维护检修规程》（SHS 01036—2004）第 2.1 条和“盛华化工有限公司低压湿式气柜维护检修规程”的规定，气柜应 1 至 2 年中修，5 至 6 年大修，至事故发生，气柜投用 6 年未检修；违反《危险化学品重大危险源监督管理暂行规定》（安全监管总局令第 40 号）第十三条第（一）项的规定，安全仪表管理不规范，中控室经常关闭可燃、有毒气体报警声音，对各项报警习以为常，无法及时应对。

（3）盛华公司安全投入不足。违反《中华人民共和国安全生产法》第二十条的规定，安全专项资金不能保证专款专用，检修需用的材料不能及时到位，腐蚀、渗漏的装置不能及时维修；安全防护装置、检测仪器、联锁装置等购置和维护资金得不到保障。

（4）盛华公司教育培训不到位。违反《中华人民共和国安全生产法》第二十五条第一款的规定，安全教育培训走过场，生产操作技能培训不深入，部分操作人员岗位技能差，不了解工艺指标设定的意义，不清楚岗位安全风险，处理异常情况能力差。

（5）盛华公司风险管控能力不足。违反《河北省安全生产条例》第十九条的规定，对高风险装置设施重视不够，风险管控措施不足，多数人员不了解氯乙烯气柜泄漏的应急救援预案，对环境改变带来的安全风险认识不够，意识淡薄，管控能力差。

（6）盛华公司应急处置能力差。违反《生产安全事故应急预案管理办法》（安全监管总局第 88 号令）第十二条、三十条的规定，应急预案形同虚设，应急演练流于形式，操作人员对装置异常工况处置不当，泄漏发生后，企业应对不及时、不科学，没有相应的应急响应能力。

（7）盛华公司生产组织机构设置不合理。盛华公司撤销了专门的生产技术部门、设备管理部门，相应管理职责不明确，职能弱化，专业技术管理差。

（8）盛华公司隐患排查治理不到位。违反《中华人民共和国安全生产法》第三十八条第一款的规定，未认真落实隐患排查治理制度，工作开展不到位、不彻底，同类型、重复性隐患长期存在，“大排查、大整治”攻坚行动落实不到位，致使上述问题不能及时发现并消除。

### （三）事故教训

（1）加大执法力度，推动企业主体责任有效落实，严格按照企业重点检查内容四十条和危险化学品企业重大隐患判定标准从严检查，避免重特大安全事故发生。

（2）强化生产过程管理，全面提升危险化学品行业安全生产水平。一是加强设备管理，严格按照设备检修规程做好设备的日常维护保养和计划检修工作；二是加强工艺管理，定期修订操作规程，不断提高员工操作技能；三是加强生产管理，加强对关键设备、重点部位的监控。

（3）强化安全教育培训，提升各类人员安全管理素质。一是加强企业主要负责人和安全生产管理人员的教育培训工作，二是加强职工安全教育和培训工作，三是加强事故警示教育工作。

（4）严格各项工作措施，切实加强厂外区域车辆停放管理。加强外来运输车辆停放区域的安全管理，明确停车区域责任人员，负责协调、指挥、疏导、管理外来运输车辆，指引外来运输车辆停放到指定位置并保持安全距离；科学、合理安排危险物料装卸时间，避免夜间集中装卸，避免运输车辆过于集中，形成安全隐患。

（5）加强应急体系建设，提高应急处置能力。进一步完善应急管理标准和规章制度，健全指挥协调、快速响应、应急联运机制；强化预案体系建设，突出预案的实用性、可操作性和衔接性；切实加强应急救援队伍建设，狠抓应急演练，快速有效应对突发事件。

## 九、江苏响水“3·21”天嘉宜化工有限公司特别重大爆炸事故

2019 年 3 月 21 日 14：48，位于江苏省盐城市响水县生态化工园区的天嘉宜化工有限公司（以下简称“天嘉宜公司”）发生特别重大爆炸事故，造成 78 人死亡、76 人重伤，640 人住院治疗，直接经济损失 198635.07 万元。

### （一）事故经过

事故调查组调取了 2019 年 3 月 21 日现场有关视频，发现有 5 处视频记录了事故发生过程。

（1）“6# 罐区”视频监控显示：2019 年 3 月 21 日 14：45：35，旧固废库房顶中部冒出淡白烟。

（2）“新固废库外南”视频监控显示：2019 年 3 月 21 日 14：45：56，有烟气从旧固废库南门内由东向西向外扩散，并逐渐蔓延扩大。

（3）“新固废库内南”视频监控显示：2019 年 3 月 21 日 14：46：57，新固废库内作业人员发现火情，手提两个灭火器从仓库北门向南门跑去试图灭火。

（4）“6# 罐区”视频监控显示：2019 年 3 月 21 日 14：47：03，旧固废库房顶南侧冒出较浓的黑烟。

（5）“6# 罐区”视频监控显示：2019 年 3 月 21 日 14：47：11，旧固废库房顶中部被烧穿有明火出现，火势迅速扩大。2019 年 3 月 21 日 14：48：44 视频中断，判断为发生爆炸。

从旧固废库房顶中部冒出淡白烟至发生爆炸历时 189s。

事故中心区北至纬一路，南至大和路，西至江苏之江化工有限公司，东至 301 县道，面积约为 0.5km$^2$。爆炸形成了直径 120m 积水覆盖的圆形坑。排水后发现，爆炸形成以天嘉宜公司旧固废库硝化废料堆垛区为中心基准点，直径 75m、深 1.7m 爆坑。如图 5-12 所示。

### （二）事故原因

1. 直接原因

天嘉宜公司旧固废库内长期违法贮存的硝化废料持续积热升温导致自燃，燃烧引发硝化废料爆炸。在堆垛紧密、通风不良的情况下，长期堆积的硝化废料内部因热量累积，温度不断升高，当上升至自燃温度时发生自燃，火势迅速蔓延至整个堆垛，堆垛表面快速燃烧，内部温度快速升高，硝化废料剧烈分解发生爆炸，同时殉爆库房内的所有硝化废料，共计约 600t。

2. 间接原因

（1）天嘉宜公司无视国家环境保护和安全生产法律法规，长期违法违规贮存、处置硝化废料，企业管理混乱。

图 5-12 爆炸后积水坑示意

（2）中介机构弄虚作假，出具虚假失实文件，导致事故企业硝化废料重大风险和事故隐患未能及时暴露，干扰误导了有关部门的监管工作。

（3）应急管理部门未认真履行监督管理职责、督促企业排查消除重大事故隐患不力、复产验收把关不严。

（4）生态环境部门未认真履行危险废物监管职责、执法检查不认真不严格、对环评机构弄虚作假失察、复产验收把关不严。

（5）生态化工园区规划建设局为天嘉宜公司 6 批项目补办的规划许可证未经县规划和城市管理局审批，响水县规划和城市管理局对“未批先建”违法行为监督检查不力。

（6）住建部门响水县住建局先后为天嘉宜公司补办了 6 批工程的 7 次施工许可手续，均是在开工建设后补办，且未对有关企业进行处罚。

## （三）事故教训

（1）安全发展理念不牢，红线意识不强，对欠发达地区承接淘汰落后产能没有把好安全关，在风险隐患没有排查治理完毕、没有严格审核把关的情况下，通过复产验收。

（2）地方党政领导干部安全生产责任制落实不到位。

（3）防范化解重大风险不深入不具体，抓落实有很大差距。

（4）有关部门落实安全生产职责不到位，造成监管脱节。

（5）企业主体责任不落实，诚信缺失和违法违规问题突出。

（6）对非法违法行为打击不力，监管执法宽、松、软。

（7）化工园区发展无序，安全管理问题突出。

（8）安全监管水平不适应化工行业快速发展需要。

## 十、山东省临沂市“6·5”金誉石化有限公司罐车泄漏重大爆炸着火事故

2017 年 6 月 5 日凌晨 1：00 左右，山东省临沂市金誉石化有限公司（以下简称“金誉石化”）储运部装卸区的一辆液化石油气运输罐车在卸车作业过程中发生液化气泄漏，引起重大爆炸着火事故，造成 10 人死亡，9 人受伤，直接经济 4468 万元。

### （一）事故经过

2017 年 6 月 5 日 0 时 58 分，临沂金誉物流有限公司驾驶员唐 ×× 驾驶 J90700 液化气运输罐车经过长途奔波、连续作业后，在 10 号卸车位准备卸车。

唐 ×× 下车后先后将 10 号装卸臂气相、液相快接管口与车辆卸车口相接，并打开气相阀门对罐体进行加压，车辆罐体压力从 0.6MPa 上升至 0.8MPa 以上。2017 年 6 月 5 日 0：59：10，唐志峰打开罐体液相阀门一半时，液相连接管口突然脱开，大量液化气喷出并急剧气化扩散。正在值班的金誉石化韩 ×× 等现场作业人员未能有效处置，致使液化气泄漏长达 130s，很快与空气形成爆炸性混合气体，遇到点火源发生爆炸，造成事故车及其他车辆罐体相继爆炸。罐体残骸、飞火等飞溅物接连导致 1000m$^3$ 液化气球罐区、异辛烷罐区，废弃槽罐车、厂内管廊、控制室、值班室、化验室等区域先后起火燃烧。现场 10 名人员撤离不及当场遇难，9 名人员受伤。10 名死亡人员中，5 人为金誉石化职工，5 人为运输驾驶员。事故造成的直接经济损失约 4468 万元。如图 5-13 所示。

图 5-13　事故现场图片

### （二）事故原因

1. 直接原因

肇事罐车驾驶员长途奔波、连续作业，在午夜进行液化气卸车作业时，没有严格执

行卸车规程，出现严重操作失误，致使快接接口与罐车液相卸料管未能可靠连接，在开启罐车液相球阀瞬间发生脱离，造成罐体内液化气大量泄漏。现场人员未能有效处置，泄漏后的液化气急剧气化，迅速扩散，与空气形成爆炸性混合气体达到爆炸极限，遇点火源发生爆炸燃烧。液化气泄漏区域的持续燃烧，先后导致泄漏车辆罐体、装卸区内停放的其他运输车辆罐体发生爆炸。爆炸使车体、罐体分解，罐体残骸等飞溅物击中周边设施、物料管廊、液化气球罐、异辛烷储罐等，致使 2 个液化气球罐发生泄漏燃烧，2 个异辛烷储罐发生燃烧爆炸。

GPS 记录，肇事罐车驾驶员唐 ×× 从 2017 年 6 月 3 日 17：00 到 2017 年 6 月 4 日 23：37 驾驶车辆，近 32h 只休息 4h，期间等候装卸车 170min，其余 24h 均在驾使。2017 年 6 月 5 日 0：57，车辆抵达金誉石化后，在极度疲惫状态下，操作出现严重失误，装卸臂快接口两个定位锁止扳把没有闭合，致使快接接口与罐车液相卸料管未能可靠连接。

引发第一次爆炸的可能点火源是金誉石化生产值班室内在用的非防爆电器产生的电火花。

2. 间接原因

（1）临沂金誉物流有限公司未落实安全生产主体责任，主要表现在：超许可违规经营、日常管理混乱、疲劳驾驶失管失察、事故应急管理不到位、装卸环节安全管理缺失。

（2）金誉石化未落实安全生产主体责任，主要表现在：安全生产风险分级管控和隐患排查治理主体责任不落实、特种设备安全管理混乱、危化品装卸管理不到位、工程项目违法建设、事故应急管理不到位。

（3）河南省清丰县安兴货物运输有限公司未落实安全生产主体责任，主要表现在：对所属车辆处于脱管状态、未履行异地经营报备职责、车辆动态监控不到位、移动式压力容器管理不到位。

（4）中介技术服务机构未依法履行设计、监理、评价等技术管理服务，设计单位未严格按相关规范进行控制室设计，工程监理单位未发现施工单位冒用资质和施工用料违反设计要求，安全评价单位评价结论失实。

## （三）事故教训

（1）进一步强化安全生产红线意识。

（2）加快推进风险分级管控和隐患排查治理体系建设。

（3）进一步加强危险化学品装卸环节的安全管理。

（4）进一步加强危险化学品建设项目的安全管理。

（5）进一步加强对第三方服务机构的监管。

（6）进一步强化企业应急培训演练。

（7）积极推进危险化学品安全综合治理工作。

# 第六章　职业健康管理与职业病危害防护

★ 熟悉危险化学品生产单位职业健康管理职责。

★ 了解几种主要职业危害因素及其防治措施。

★ 了解油田职业健康管理要求。

★ 了解油田对职业病危害项目申报的要求。

★ 了解油田生产过程中存在的主要职业病危害因素及其防护措施。

## 第一节　职业健康管理

### 一、职业病防治管理

《中华人民共和国职业病防治法》及国家安全生产监督管理总局出台的一个规定和四个办法（表 6-1）共同构成了职业病防治法律框架。

**表 6-1　职业病防治法律框架**

<table>
<tr><th>序号</th><th>法律 / 法规</th><th>发布文号</th><th>发布时间</th><th>实施时间</th><th>备注</th></tr>
<tr><td>1</td><td>《中华人民共和国职业病防治法》</td><td>中华人民共和国主席令第 48 号</td><td>2001 年 10 月 27 日</td><td>2002 年 5 月 1 日实施，2012 年第一次修订，2016 年第二次修订</td><td>职业病防治基本法</td></tr>
<tr><td>2</td><td>《工作场所职业卫生监督管理规定》</td><td>国家安全生产监督管理总局令第 47 号</td><td rowspan="3">2012 年 4 月 27 日</td><td rowspan="3">2012 年 6 月 1 日</td><td>强化用人单位职业病防治的主体责任，预防、控制职业病危害，保障劳动者健康和相关权益</td></tr>
<tr><td>3</td><td>《职业病危害项目申报办法》</td><td>国家安全生产监督管理总局令第 48 号</td><td>规范职业病危害项目的申报工作，加强对用人单位职业卫生工作的监督管理</td></tr>
<tr><td>4</td><td>《用人单位职业健康监护监督管理办法》</td><td>国家安全生产监督管理总局令第 49 号</td><td>规范用人单位职业健康监护工作，加强职业健康监护的监督管理，保护劳动者健康及其相关权益</td></tr>
</table>

续表

| 序号 | 法律 / 法规 | 发布文号 | 发布时间 | 实施时间 | 备注 |
| --- | --- | --- | --- | --- | --- |
| 5 | 《职业卫生技术服务机构监督管理暂行办法》 | 国家安全监管总局令第 50 号 | 2012 年 4 月 27 日 | 2012 年 7 月 1 日起施行，2015 年 5 月 29 日国家安全监管总局令第 80 号修正 | 规范职业卫生技术服务行为，加强对职业卫生技术服务机构的监督管理 |
| 6 | 《建设项目职业病防护设施“三同时”监督管理办法》 | 国家安全生产监督管理总局令第 90 号 | 2017 年 3 月 9 日 | 2017 年 5 月 1 日 | 预防、控制和消除建设项目可能产生的职业病危害，加强和规范建设项目职业病防护设施建设的监督管理 |

《中华人民共和国职业病防治法》规定，用人单位应当建立、健全职业病防治责任制，加强对职业病防治的管理，提高职业病防治水平，对本单位产生的职业病危害承担责任。根据《中华人民共和国职业病防治法》《使用有毒物品作业场所劳动保护条例》等法律法规的规定，危险化学品生产单位的职业病防治管理职责包括：

（1）用人单位必须依法参加工伤保险。

（2）发现工作场所职业病危害因素不符合国家职业卫生标准和卫生要求时，用人单位应当立即采取相应治理措施，仍然达不到国家职业卫生标准和卫生要求的，必须停止存在职业病危害因素的作业；职业病危害因素经治理后，符合国家职业卫生标准和卫生要求的，方可重新作业。

（3）任何单位和个人不得将产生职业病危害的作业转移给不具备职业病防护条件的单位和个人。不具备职业病防护条件的单位和个人不得接受产生职业病危害的作业。

（4）用人单位不得安排未成年人从事、接触职业病危害的作业；不得安排孕期、哺乳期的女职工从事对本人和胎儿、婴儿有危害的作业。

（5）向用人单位提供可能产生职业病危害的设备的，应当提供中文说明书，并在设备的醒目位置设置警示标志和中文警示说明。警示说明应当载明设备性能、可能产生的职业病危害、安全操作和维护注意事项、职业病防护及应急救治措施等内容。

（6）用人单位应当保障职业病病人依法享受国家规定的职业病待遇。

（7）对遭受或者可能遭受急性职业病危害的劳动者，用人单位应当及时组织救治、进行健康检查和医学观察，所需费用由用人单位承担。

（8）人民法院受理有关案件需要进行职业病鉴定时，应当从省、自治区、直辖市人民政府卫生行政部门依法设立的相关的专家库中选取参加鉴定的专家。

（9）用人单位应当依照职业病防治法的有关规定，采取有效的职业卫生防护管理措施，加强劳动过程中的防护与管理。

（10）任何单位和个人不得生产、经营、进口和使用国家明令禁止使用的可能产生职业病危害的设备或者材料。

## 二、油田主要职业健康管理环节

国家及油田职业健康管理关键环节、管理要求及流程见表 6–2。

**表 6–2　油田职业健康管理要求**

| 管理环节 | | 国家管理要求 | 油田管理流程 |
|---|---|---|---|
| 源头控制 | 职业卫生“三同时” | 从流程工艺、职业卫生管理、员工接触物料等评估员工接触职业危害水平，从本质安全出发，使员工尽可能不接触职业性有害因素，或控制作业场所有害因素水平在卫生标准允许限度内。 | 由项目组织实施单位组织实施，质量安全环保处协助开展 |
| 过程监管 | 职业病危害因素检测 | 每年至少开展一次职业病危害因素年度检测 | 由质量安全环保处委托有资质的检测单位开展检测，各单位将检测结果告知员工。如有超标场所，立即整改。 |
| | 作业现场防护设施及个人防护用品配备及使用 | 用人单位应为劳动者提供符合国家要求的作业场所，并提供防护用品 | 各单位为员工提供符合国家标准、行业标准，满足现场需要的职业病防护设施和防护用品，并督促、教育、指导从业人员按照使用规则正确佩戴、使用。 |
| | 职业健康监护 | 1. 职业健康检查：由具有资质的体检机构，按照国家技术标准，以员工接触的职业病危害因素为依据，以两年或一年为周期，进行针对性身体检查。<br>2. 用人单位将检查结果及时告知劳动者。<br>3. 为接触职业病危害因素的劳动者建立监护档案 | 由油田委托具有职业健康检查资格的医疗卫生机构，组织对接触职业病危害作业或对健康有特殊要求的油田合同化员工、兴塔员工、劳务派遣员工进行职业健康检查 |
| | 职业病危害因素告知及警示、申报 | 产生职业病危害的用人单位应将工作过程中可能接触的职业病危害因素的种类、危害程度、危害后果、提供的职业病防护设施、个人使用的职业病防护用品、职业健康检查和相关待遇等如实告知劳动者，不得隐瞒或欺骗。职业病危害告知方式包括合同告知；上岗前、在岗期间定期的培训告知；上岗前、在岗期间、离岗时的职业健康检查结果书面告知；公告栏告知或网页告知等形式 | 油田依据国家要求，开展职业病危害因素告知、警示、申报工作 |
| | 职业病危害现状评估 | 职业病危害严重的建设项目，每三年开展一次职业病危害现状评估 | 由质量安全环保处委托具有资质的评价单位开展 |
| | 宣传培训及应急 | 1. 职业卫生培训对象包括单位主要负责人、专（兼）职职业健康管理人员、有毒有害作业场所员工、新上岗及转岗的有毒有害作业场所员工等。<br>2. 用人单位应根据现场接触职业病危害因素制订应急预案 | 1. 各单位将职业卫生宣传、培训纳入年度工作计划，制订职业卫生宣传、培训计划并组织实施。<br>2. 各单位完善和建立职业危害控制措施和事故应急救援预案，并进行针对性演练 |

续表

| 管理环节 | | 国家管理要求 | 油田管理流程 |
|---|---|---|---|
| 结果管理 | 职业病诊断及职业病人健康康复 | 1. 用人单位应当按照国家有关规定，安排职业病病人进行治疗、康复和定期检查；对不适宜继续从事原工作的职业病病人，应当调离原岗位，并妥善安置；对从事接触职业病危害作业的劳动者，应当给予适当岗位津贴。<br>2. 职业病病人的诊断、康复费用，伤残及丧失劳动能力的职业病病人的社会保障，按照国家有关工伤社会保险的规定执行。职业病病人除依法享有工伤社会保险外，依照有关民事法律，尚有获得赔偿的权利的，有权向用人单位提出赔偿要求 | 1. 依据《中华人民共和国职业病防治法》和《职业病诊断与鉴定管理办法》对职业病进行严格管理。<br>2. 职业病诊断完成后，由人事部门执行工伤程序 |

## 三、职业健康监护管理

《用人单位职业健康监护监督管理办法》（国家安全生产监督管理总局令第 49 号）规定，职业健康监护，是指劳动者上岗前、在岗期间、离岗时、应急的职业健康检查和职业健康监护档案管理。危险化学品生产单位应当建立、健全劳动者职业健康监护制度，依法落实职业健康监护工作，其职责包括：

（1）用人单位是职业健康监护工作的责任主体，主要负责人对本单位职业健康监护工作全面负责。

（2）劳动者离开用人单位时，有权索取本人职业健康监护档案复印件，用人单位应当如实、无偿提供，并在所提供的复印件上签章。

（3）对在岗期间的职业健康检查，用人单位应当按照《职业健康监护技术规范》（GBZ 188）等国家职业卫生标准的规定和要求，确定接触职业病危害的劳动者的检查项目和检查周期。需要复查的，应当根据复查要求增加相应的检查项目。

（4）接触职业病危害因素的劳动者在作业过程中出现与所接触职业病危害因素相关的不适症状的，用人单位应当立即组织有关劳动者进行应急职业健康检查。

（5）劳动者接受职业健康检查应当视同正常出勤。

（6）用人单位有下列行为之一的，给予警告，责令限期改正，可以并处 3 万元以下的罚款：

① 未建立或者落实职业健康监护制度的。

② 未按照规定制订职业健康监护计划和落实专项经费的。

③ 弄虚作假，指使他人冒名顶替参加职业健康检查的。

④ 未如实提供职业健康检查所需要的文件、资料的。

⑤ 未根据职业健康检查情况采取相应措施的。

⑥ 不承担职业健康检查费用的。

## 四、职业病危害项目申报管理

1. 申报范围

用人单位工作场所存在职业病目录所列职业病的危害因素的，应当及时、如实向所在地安全生产监督管理部门申报危害项目，并接受安全生产监督管理部门的监督管理。职业病危害项目，是指存在职业病危害因素的项目。职业病危害因素按照《职业病危害因素分类目录》（国卫疾控发〔2015〕92号）确定。

2. 申报内容

（1）用人单位的基本情况。

（2）工作场所职业病危害因素种类、分布情况及接触人数。

（3）法律、法规和规章规定的其他文件、资料。

3. 申报管理

（1）职业病危害项目申报工作实行属地分级管理的原则。

（2）中央企业、省属企业及其所属用人单位的职业病危害项目，向其所在地设区的市级人民政府安全生产监督管理部门申报。

（3）上述规定以外的其他用人单位的职业病危害项目，向其所在地县级人民政府安全生产监督管理部门申报。

4. 申报方式

（1）职业病危害项目申报同时采取电子数据和纸质文本两种方式。

（2）用人单位应当首先通过“职业病危害项目申报系统”进行电子数据申报，同时将职业病危害项目申报表加盖公章并由本单位主要负责人签字后，按照规定连同有关文件、资料一并上报所在地设区的市级、县级安全生产监督管理部门。

（3）受理申报的安全生产监督管理部门应当自收到申报文件、资料之日起5个工作日内，出具职业病危害项目申报回执。

5. 国家工作要求

（1）用人单位未按照规定及时、如实地申报职业病危害项目的，责令限期改正，给予警告，可以并处5万元以上10万元以下的罚款。

（2）用人单位有关事项发生重大变化，未按规定申报变更职业病危害项目内容的，责令限期改正，可以并处5千元以上3万元以下的罚款。

6. 油田管理要求

按照国家法规要求的规定流程，油田建立企业工作流程，见表6–3。

表 6-3　油田职业病危害项目申报流程

| 国家法规要求流程 | 油田流程 |
| --- | --- |
| 管理原则：中央企业的职业病危害项目，向所在地设区的市级人民政府安全生产监督管理部门申报 | 职业病危害因素按照“属地管理”原则，向当地安全生产监督管理部门申报 |
| 1. 通过“职业病危害项目申报系统”进行电子数据申报 | 1. 职业病危害控制效果评价与防护设施竣工验收通过后，项目竣工验收前，由项目组织实施单位通过“职业病危害项目申报系统”进行电子数据申报 |
| 2. 将职业病危害项目申报表加盖公章，由本单位主要负责人签字后，连同其他资料报所在地设区的市级、县级安全生产监督管理部门 | 2. 将职业病危害项目申报表加盖二级单位公章，由项目组织实施单位主要负责人签字后，连同其他资料报所在地设区的市级人民政府安全生产监督管理部门申报 |
| 3. 受理申报的安全生产监督管理部门自收到申报文件 5 个工作日内，出具职业病危害项目申报回执 | 3. 留存职业病危害项目申报回执，与项目职业卫生“三同时”资料一起交档案馆存档 |

# 第二节　生产性毒物危害及其防治

## 一、生产性毒物的分类及毒性

生产过程中生产或使用的有毒物质称为生产性毒物。目前最常用的分类是按化学性质及其用途相结合的分类法。

### （一）金属和类金属

常见的金属和类金属毒物有铅、汞及其化合物等，易引起全身性中毒。

### （二）刺激性气体

是指对眼和呼吸道黏膜有刺激作用的气体。刺激性气体使呼吸道黏膜、眼及皮肤受到直接刺激作用，甚至引起肺水肿及全身中毒。最常见的刺激性气体有氯、氨、氮氧化物、二氧化硫、三氧化硫等。

### （三）窒息性气体

窒息性气体是指能造成机体缺氧的有毒气体。窒息性气体可分为单纯窒息性气体和化学性窒息性气体。

窒息性气体本身无毒或毒性甚微，主要是由于吸入这类气体过多时，因对氧的排斥，造成机体缺氧，如乙烷、氢气、二氧化碳、氮气和其他惰性气体。一般情况下，如空气中的氧浓度降到 17% 以下，机体组织供氧不足，就会引起头晕、恶心、调节功能紊乱等症状，缺氧严重时导致昏迷，甚至死亡。

化学性窒息性气体的主要危害是对血液或组织产生特殊的化学作用，使氧的运送和组织利用氧的功能发生障碍，或与细胞色素氧化酶中的铁结合，抑制细胞呼吸酶的氧化作用，阻断组织呼吸，引起内窒息。如一氧化碳、硫化氢等。空气中一氧化碳含量达到0.05% 时就会导致血液携氧能力严重下降。

### （四）有机化合物

有机化合物种类繁多，例如应用广泛的有机溶剂，如苯、甲苯、汽油、甲醇等。

### （五）高分子化合物

高分子化合物由一种或几种单体经过聚合或缩合而成，相对分子质量高达数千至几百万。某些有毒化学品具有致癌（肿瘤）、致畸或致突变作用。引起职业癌的物质称为职业性致癌物，如炼焦油、氯乙烯、苯等。

生产性毒物的毒性通常是指化学毒物固有的能引起机体损伤的能力。

浓度是指单位体积空气中所含有毒物的质量大小，空气体积用立方米（$m^3$）或升（L）表示，毒物的质量用毫克（mg）表示，因此浓度单位为毫克每立方米（$mg/m^3$）或毫克每升（mg/L）。

当有毒物为有毒气体时，也可用体积分数来表示气态毒物的量，这样有毒气体的浓度单位通常还有百分比（%）或百万分之一（ppm），它们的关系为 1%=10000ppm。

一般将毒物分为剧毒、高毒、中毒、低毒、微毒等五级，见表 6–4。

**表 6–4　化学物质的急性毒性分级**

| 分级 | 人可能致死剂量（60kg 体重），g |
|---|---|
| 剧毒 | ＜0.1 |
| 高毒 | 3～30 |
| 中毒 | 30～250 |
| 低毒 | 250～1000 |
| 微毒 | ＞1000 |

## 二、工业毒物侵入人体途径及危害

### （一）毒物进入人体的途径

生产性毒物进入人体的途径有三种，即呼吸道、消化道和皮肤。其中最主要的途径是呼吸道，其次是皮肤，只有特殊情况下才会出现消化道摄入（如误服，或发生事故时毒物喷入口腔等）。

呼吸道吸入是人体摄入生产性毒物的最主要、最危险的途径，约占职业中毒数的

95%。人体肺泡面积大（总面积为55～120m$^2$），吸收能力强，进入人体的毒物通过肺泡上丰富的微血管吸收，毒物便很快随血液循环分布全身。

皮肤的吸收指脂溶性或类脂溶性物质与皮肤接触过程中溶解于脂肪而进入人体，如芳香族的硝基、氨基化合物等。具有腐蚀性的物质也可通过破坏人体皮肤的保护屏障作用而进入人体，如强酸、强碱、酚类及黄磷等。

### （二）毒害形式

不同有害物及作用条件不同，引起毒害的表现形式也不同。根据人体吸入毒物后产生中毒效应的快慢可分为：

（1）急性中毒。在短时间内有大量毒物侵入人体后突然发生的病变，具有发病急、变化快和病情重的特点。引起中毒的原因多是因出现生产事故或工人违反安全操作规程所致。

（2）慢性中毒。人体长时间内摄入低浓度毒物，经积累逐渐引起的病变。一般具有积累效应的毒物才会引起慢性中毒。其特点是潜伏时间较长，常常从事该毒物作业数月、数年或更长时间才出现症状，如慢性汞等中毒或尘肺等。

（3）亚急性中毒。介于急性中毒与慢性中毒之间的病变形式。根据引起人体伤害部位的表现不同又可分为对神经系统、血液造血系统、呼吸系统、消化系统、肾脏、皮肤等的损害，见表6–5。

**表6–5 常见职业病中毒危害表现**

| 毒害部位 | 职业中毒症状及表现 | | 中毒毒物 |
|---|---|---|---|
| | 症状 | 表现 | |
| 神经系统 | 神经衰弱症 | 无力，易疲劳，记忆力减退，头昏 | 砷、铅中毒 |
| | 多发性神经炎 | 损害周围神经，动作不灵活 | 二硫化碳、铅、砷中毒 |
| | 神经症状 | 狂躁、欣快、忧郁、消沉、健谈 | 二硫化碳、汞中毒 |
| 血液造血系统 | 血细胞减少 | 头昏、无力、牙龈出血、鼻出血等 | 慢性苯中毒、放射病 |
| | 血红蛋白变性 | 出现胸闷、气急、紫绀等 | 苯胺、一氧化碳中毒 |
| | 溶血性贫血 | 胸闷、气急 | 急性砷化氢中毒 |
| 呼吸系统 | 窒息 | 咳嗽、胸痛、胸闷、气急、喉头痉挛 | 有机磷中毒 |
| | 毒性水肿 | 改变了肺泡壁毛细血管的通透性 | 氮氧化物、光气等 |
| | 支气管、肺炎 | 气体作用于气管、肺泡引起炎症 | 汽油 |
| | 支气管哮喘 | 多为过敏性反应 | 苯二胺、乙二胺 |
| | 肺纤维化 | 某些毒物慢性作用 | 铍中毒 |

续表

| 毒害部位 | 职业中毒症状及表现 | | 中毒毒物 |
|---|---|---|---|
| | 症状 | 表现 | |
| 消化系统 | 直接刺激腐蚀 | 恶心、呕吐、食欲不振等症状 | 四氯化碳、硝基苯、砷、磷中毒 |
| 肾脏 | 肾脏损害 | 蛋白尿、血尿、管形尿、浮肿等 | 砷化氢、四氯化碳、汞 |
| 皮肤 | 刺激变态反应 | 搔痒、刺痛、瘫丘疹、皮炎和湿疹 | 沥青、石油、铬酸雾等 |

### （三）影响毒害程度的因素

生产性毒物对人体的危害程度与下列因素有关：

（1）有毒物的毒性大小。

（2）空气中有毒物的含量，即有毒物的浓度大小。浓度越大，危害也越大。

（3）有毒物与人体持续接触的时间。接触时间越长，有毒物浓度越大，人体吸入有毒物量就越多，对人体危害也就越大。

（4）作业环境条件与劳动强度。对于高湿、高温的作业环境，人体皮肤毛细血管扩张，出汗增多，血液循环及呼吸加快，从而增加吸收有毒气体的速度。劳动强度大，呼吸频率高，呼吸深度大，中毒也就快。

（5）个体的年龄、性别和体质情况。相同接触条件下，有些人可能没有危害症状，而有些人中毒，且中毒程度也不同。这与各人的年龄、性别和体质情况有关。

## 三、常见工业毒物

根据中华人民共和国国家卫生健康委员会、中华人民共和国人力资源和社会保障部联合公布的《职业病分类和目录》（国卫疾控发〔2013〕48 号）中的职业中毒种类，相应的工业毒物为：汞及其化合物，二氧化硫，氨，氮氧化合物，一氧化碳，硫化氢，苯，甲苯，二甲苯，正己烷，汽油，氯乙烯，三氯乙烯的氨基及硝基化合物（不包括三硝基甲苯），甲醇，甲醛，有机磷，氨基甲酸酯类，溴甲烷，氯乙烯，环氧乙烷。

## 四、作业环境使用化学毒物的管理

作业场所使用化学毒物的管理应按《中华人民共和国职业病防治法》《危险化学品安全管理条例》《使用有毒物品作业场所劳动保护条例》等法律法规和有关生产性毒物的管理规范、标准执行。如建立健全化学毒物管理规章制度和安全操作规程，加强从业人员教育培训；制订、落实消除和控制化学毒物危害的措施，加强现场和作业过程监督管理，加强毒害品包装物、容器和防毒设施的检查、检测；定期对使用有毒物品作业场所职业中毒危害因素进行检测、评价；加强安全标签管理，在作业场所悬挂毒物信息标志；为工人配备个体防护用品，定期进行体检；配备应急救援人员和必要的应急救援器材、设备，制订事故应急救援预案等。

对于列入剧毒化学品目录中的剧毒品应采用双人收发、双人记账、双人双锁、双人运输和双人使用的“五双”制度。

## 五、生产性毒物的防治措施

### （一）有毒物的基本防治措施

常用的控制措施有：

（1）密闭、自动化，这是解决毒物危害的根本途径。

（2）采用无毒、低毒物质代替剧毒物质，这是从根本上解决毒物危害的首选方法。

（3）通风。这是使作业场所空气中有毒有害物质浓度保持在国家规定的最高容许浓度以下的常用、有效措施。

（4）排出气体的净化。就是利用一定的物理或化学方法分离含毒空气中的有毒物质，降低空气中的有毒有害物质浓度。常用的净化方法有：冷凝法、燃烧法、吸收法、吸附法和催化法等。有时必须要对排出室外的空气进行净化，才能达到国家规定的排放标准。

（5）个体防护。接触毒物作业人员应遵守个人卫生制度和操作规程，如不准在作业场所吸烟、进食，作业时采用个体防护用品。

### （二）个人防毒用品

包括皮肤防护和呼吸防护，前者如使用防毒面具、胶靴、手套、防护眼镜、耳塞、工作帽，或在皮肤暴露部位涂以防护油膏，避免有毒物质与人体皮肤的接触。一旦皮肤被有毒物质污染，必须立即清洗。呼吸防护主要采用呼吸器防护，又可分为过滤式呼吸器和隔离式呼吸器两大类。

### （三）使用化学毒物的作业场所的防治措施

根据《使用有毒物品作业场所劳动保护条例》（中华人民共和国国务院令第352号），使用化学毒物的生产经营单位的作业场所，除应当符合有关法律法规要求外，还必须符合下列要求：

（1）作业场所与生活场所分开，作业场所不得住人。

（2）有害作业与无害作业分开，高毒作业场所与其他作业场所隔离。

（3）设置有效的通风装置；可能突然泄漏大量有毒物品或者易造成急性中毒的作业场所，设置自动报警装置和事故通风设施。

（4）高毒作业场所设置应急撤离通道和必要的泄险区。

（5）使用化学毒物的作业场所应当设置黄色区域警示线、警示标志和中文警示说明。警示说明应当载明产生职业中毒危害的种类、后果、预防及应急救治措施等内容。高毒作业场所应当设置红色区域警示线、警示标志和中文警示说明，并设置通信报警设备。

（6）从事使用高毒物品作业的用人单位应当设置淋浴间和更衣室，并设置清洗、存放或者处理从事使用高毒物品作业劳动者的工作服、工作鞋帽等物品的专用间。

设备、容器内部或者狭窄封闭场所由于通风条件受到限制，空气中经常存在有毒有害气体或者氧气浓度过低，因而经常发生中毒事故。为此，《使用有毒物品作业场所劳动保护条例》规定，在维护、检修存在高毒物品的生产装置时，必须事先制订维护、检修方案，明确职业中毒危害防护措施，确保维护、检修人员的生命安全和身体健康。维护、检修工作必须严格按照维护、检修方案和操作规程进行，维护、检修现场应当有专人监护，并设置警示标志。需要进入存在高毒物品的设备、容器或者狭窄封闭场所作业时，应当事先采取下列措施：

① 保持作业场所良好的通风状态，确保作业场所职业中毒危害因素浓度符合国家职业卫生标准。

② 为劳动者配备符合国家职业卫生标准的防护用品。

③ 设置现场监护人员和现场救援设备。

## 第三节　振动、噪声危害及其防治

### 一、振动、噪声及其危害

声音来源于物体（如设备、工具）的振动。生产设备、工具产生的振动可通过结构传播或空气传播方式（包括先通过结构传播再通过空气传播）作用于人体，前者的表现形式是使人产生局部或全身振动，后者的表现形式就是我们常说的声音。工业企业内部的噪声主要来源于各种机械设备运行发出的声音。

振动会使人产生振动病，振动病分为局部振动病和全身振动病。在生产中接触振动设备、工具的手臂所造成的危害较为明显和严重，典型的现象是发作性手指发白（白指病）。局部振动病为法定的职业病。

噪声的危害包括对人体的影响和对生产活动的影响，对人体的影响包括对听力的影响和对人生理及心理的影响。噪声对人的危害和影响与噪声源的特性（如噪声强度、频率和时间特性等）有关，也与人耳的听觉特性和人们对噪声的主观心理反应有关。

#### （一）对听力的影响

噪声对听力的影响是引起听觉疲劳甚至耳聋。在噪声长期作用下，听觉器官受到过度刺激，听觉呈现暂时性听阈上移，听阈位移提高到 15dB 以上，离开噪声环境后需较长时间才能恢复，这种现象叫听觉疲劳。听觉疲劳在经过休息后可以恢复，这叫听觉适应。听觉适应有一定的限度。长期处于噪声环境中，听觉疲劳不能及时恢复，就会出现永久性听阈位移。听阈位移在25～40dB范围内为轻度耳聋；听阈位移提高到40～60dB为中度耳聋；听阈位移超过60～80dB为重度耳聋，即听觉敏感性在低、中、高频段都严重下降。长年在115dB以上的高频噪声环境下工作，就会造成重度耳聋。

### （二）噪声对生理的影响

噪声可诱发一些疾病，而且会使人大脑皮层兴奋和压抑失去平衡，使中枢神经功能出现障碍，表现为头痛、头晕、失眠、多汗、恶心、心悸、注意力不集中、记忆力减退、神经过敏、反应迟钝等。噪声可引起心血管系统疾病，表现为心动过速、心律不齐、心电图改变、血压增高，以及末梢血管收缩、供血减少等。对心血管系统的惯性损伤作用，多发生在80～90dB的情况下。噪声还会使唾液分泌减少，胃蠕动的频率和幅度增加，肾上腺皮质功能增强，胃肠功能紊乱等。

### （三）对心理的影响

噪声对心理的影响反映在噪声干扰人们的交谈、休息和睡眠，从而使人烦躁、焦虑、厌恶、思路破坏、注意力不集中，工作效率降低。所受影响程度与所处环境、噪声性质和心理状态等有关，而且因人而异。一般噪声越强，引起烦恼的可能性越大。高音调的噪声、脉冲性噪声更能引起人们的烦恼。

## 二、振动、噪声治理技术措施

控制噪声可从噪声源（振动体）、传播途径和接受者等三个构成要素入手。常用的噪声控制技术、方法有减振、隔振与阻尼、吸声、隔声、消声，它们既可以用于声源的控制，也可用于控制噪声的传播，对受害者进行防护。减振、隔振与阻尼等属于声源控制技术，吸声、隔声、消声属于传播途径的控制技术。

在噪声控制中，按照声源激发性质和传播途径的不同，通常把噪声区分为空气声和结构声（固体声）。对于空气声和结构声通常应针对他们的特点采取不同的隔离措施。

减振就是减少设备等振动源的振动，如改进设备及工艺结构，从设备的设计、制造上提高部件的加工精度和装配质量，从生产工艺上选用先进的工艺，并采用合理的操作方法，或对已有生产工艺进行技术改造，做到尽可能地降低声源噪声强度，如将振动薄板表面紧贴或喷涂一层或几层沥青、软橡胶或其他高分子材料，实现阻尼减振。

隔振与阻尼是噪声控制中用来减弱固体声传递的技术。如在机器机座下面安装隔振装置（如金属弹簧隔振器、橡胶隔振器），可以减弱设备或仪器与周围环境、人或建筑物之间的固体声传播强度。

吸声法是利用吸声材料或吸声结构体，将入射到材料或结构体上的声能通过摩擦作用转变为热能而达到降声的目的。一是利用吸声材料吸声。吸声材料是一种多孔材料，常见的有泡沫塑料、多孔陶瓷板、多孔水泥板、玻璃纤维、矿渣棉、甘蔗板、木丝板等。二是利用薄板和空气层组成的振动系统吸声结构进行吸声。吸声法主要用于降低车间等结构体内的混响声（回声），一般吸声设计，吸声结构饰面要占室内总面积的60%才会达到最大的吸声效果。

消声法主要是使用消声器。消声器是一种容许气流通过而能使透过声音得到降低的装置，常用于通风机、压缩机等设备产生的气流噪声的降低，是一种特殊形式的吸声法。将消声器安装在这些设备的气流入口或出口处，一般可使噪声降低20～40dB。

化工工业中高速气流的排放产生的放空排气噪声是一个突出的噪声源。由于放空排气噪声的发生机理与传播规律与一般的气流噪声有所不同，控制放空排气噪声需要使用特殊的排空消声器。

把产生噪声的机器设备或操作人员封闭在一个小的空间，使它与周围环境隔绝开来，或利用屏障将声源与人员隔开，就叫作隔声。隔声罩、隔声间和屏障是主要的三种应用方式。隔声罩是在噪声源处，将产生噪声的机组的某一部分予以封闭，防止它对周围作业环境造成污染。若车间里机器很多，每台机器噪声又都差不多，也可建造隔声间，将作业人员隔离起来，让工作人员在隔声间中操纵、观察和控制生产线，使他们免受噪声侵袭。隔声间和隔声罩从设计原理、结构形式到材料选择上都无任何差别，一般宜采用厚、重、密实的构件。结构制作上可分为封闭式或局部敞开式两种。封闭式隔声间的隔声能力可达20～40dB。局部敞开式一般不超过10～15dB（中频和高频）。两种隔声间的内表面均应做成吸声饰面，以吸收声音并减弱由于空间封闭隔声间内噪声的上升。

在采取各种技术措施尚达不到卫生标准的噪声作业环境，就应考虑采用个体防护法，包括时间防护法和防护用具法。个人防护中常用的耳塞、耳罩或头盔是隔声技术的另一种应用方式，我国常用的防声耳塞可划分为预模式耳塞、棉花耳塞、泡沫塑料耳塞和新型硅橡胶耳塞四种类型。

## 第四节　高温、低温作业及其危害

人体内新陈代谢产生的热量不断向周围环境散发，以保持人体内部的热平衡，使人体体温维持在36.5～37℃。人主观感到舒适的温度称为舒适温度，一般舒适温度处于（21±3）℃范围内，夏季和冬季稍有差别。温度过低或过高都对人体产生有害影响。

### 一、低温环境

温度低于人体舒适温度的环境称为低温环境。在低温环境下人体中心体温低于35℃时，即处于过冷状态。低温对人体的影响表现为：

（1）引起局部冻伤。

（2）产生全身性影响。人体在低温环境暴露时间较长时，中心体温逐渐降低，就会出现一系列的低温症状，如出现呼吸和心率加快、颤抖等，接着出现头痛等不适反应。当中心体温降到30～33℃时，肌肉由颤抖变为僵直，失去产热的作用，就会发生死亡。

### 二、高温环境

温度超过舒适温度的环境称为高温环境。而高温作业则是指工作地点具有生产性热源，其平均湿球黑球温度大于或等于25℃的作业，分为高温、强辐射型作业，高温、高湿型作业和夏天露天作业。

中暑是高温环境下发生的急性病，通常分为热射病、日射病和热痉挛。

（1）热射病是人体在高温环境中劳动，因高气温、强烈热辐射和较高的湿度等综合气象因素作用，引起机体体温调节机能障碍，体内热量蓄积过多，使机体出现高热所致。临床上又分为过热和衰竭两种类型。前者主要病症有四肢酸痛、头晕、头痛、烦渴、无力、心悸、食欲减退、恶心、呕吐等，严重时可出现昏迷、抽搐、瞳孔缩小等体征，如不及时抢救，可因呼吸衰竭而死亡。后者是由于在高温环境下散热困难，肌肉和皮肤血流量增大，超过了心脏所能负担的限度所致。有起病急、面色苍白、呼吸减速、脉搏细弱、血压下降、皮肤湿冷、体温稍低、瞳孔散大、神志不清等表现。

（2）热痉挛是由于大量出汗和饮水过多，体内氯化钠大量丧失，致使水盐和电解质平衡发生紊乱所致。前期症状是头晕、头痛、乏力、肌肉痛、耳鸣、眼花等，主要临床特点是四肢肌肉痉挛。

（3）日射病是由于头部受强烈的太阳辐射线（主要是红外线）的直接作用，大量热辐射被头部皮肤及头颅骨吸收，从而使颅内温度升高所致，多发生于夏季露天作业人员。主要症状为急剧发生头痛、头晕、眼花、恶心、呕吐、烦躁不安，重者可能有惊厥、昏迷。

## 第五节 油田主要职业病危害因素 ※

油田主要职业病危害因素包括噪声、高温、硫化氢、溶剂汽油、氨、甲醇、乙二醇、汞及其化合物。

### 一、主要工艺职业病危害因素 ※

#### （一）钻井

钻井作业包括钻井、录井、测井、固井、试井、修井等作业，接触的主要职业病危害因素有生产性粉尘、毒物、噪声、振动等，如防护不当可致尘肺病、职业性中毒、职业性噪声耳聋等职业病；环境因素有如高温、高湿、低温等，可导致中暑、冻伤等，钻井作业各环节主要职业病危害因素如图 6–1 所示。

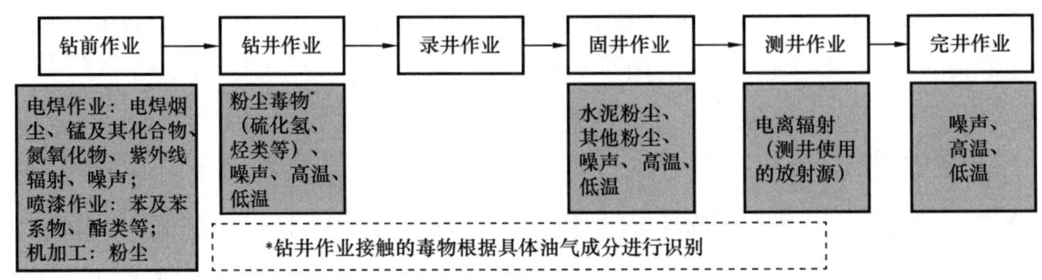

图 6–1　钻井作业各环节主要职业病危害因素示意图

## （二）采油

采油主要包括：输油管线、压气站、联合站、输气管线等。油气集输生产存在生产性毒物、噪声等。接触的主要职业病危害因素有原油及其含有的烃类物质、天然气（主要成分是甲烷）、硫化氢、氨、甲醇等，化验室人员还可能接触有毒有害有机溶剂、试剂等，如苯及苯系物、溶剂汽油等；在泵区、压缩机、冷冻机附近接触到噪声，采油作业各环节主要职业病危害因素如图 6–2 所示。

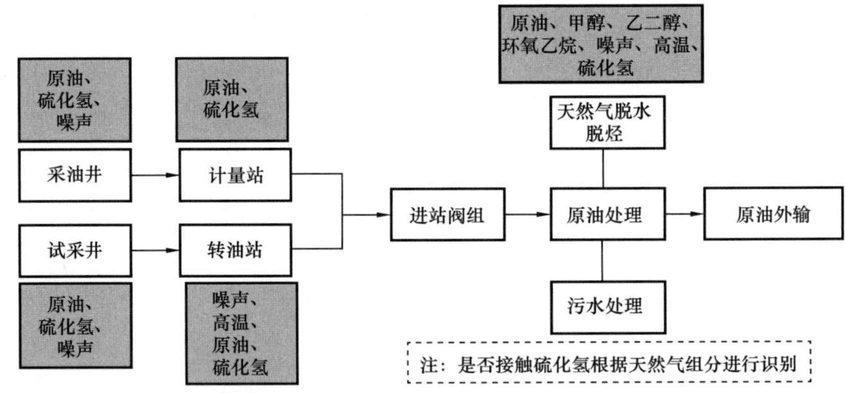

图 6–2　采油作业主要职业病危害因素示意图

## （三）采气

一般采气工艺接触的主要职业病危害因素有噪声、乙二醇、硫化氢、溶剂汽油，采气作业各环节主要职业病危害因素如图 6–3 所示。

## （四）化肥生产

化肥生产装置均由合成氨车间、尿素车间、包装储运车间和公用辅助车间等组成。主要职业病危害因素包括：氨、噪声、高温、一氧化碳、甲醛等，化肥生产作业各环节主要职业病危害因素如图 6–4 所示。

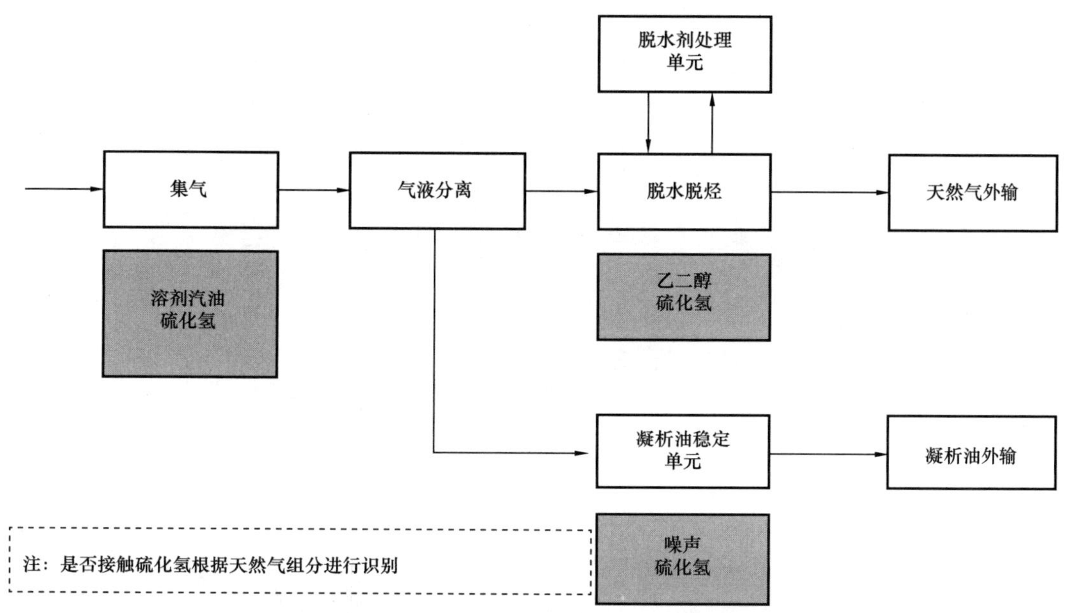


图 6–3 采气作业各环节主要职业病危害因素示意图

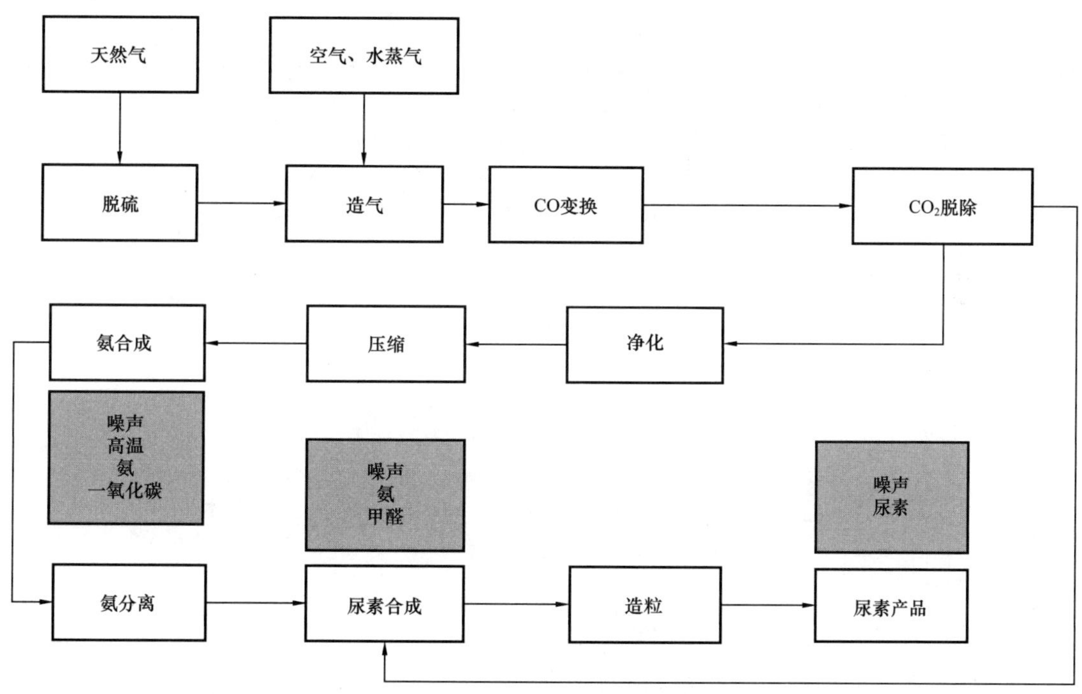


图 6–4 化肥生产作业各环节主要职业病危害因素示意图

## 二、油田主要危害因素及防范措施 ※

油田主要危害因素及防范措施见表 6–6。

**表 6-6　油田主要危害因素及防范措施表**

| 序号 | 类别 | 危害因素 | 健康危害 | 接触限制 | 分布范围 | 防护措施 |
|---|---|---|---|---|---|---|
| 1 | 物理因素 | 噪声 | 长期接触高强度噪声可引起头痛、耳鸣等神经衰弱症状，并可伴有心率加快、食欲不振、血压升高等症状；持续长期接触高强度噪声最终导致职业性噪声耳聋 | 85dB | 存在非常广泛，是油田主要的职业病危害因素 | 采用无声或低声设备代替发出强噪声的机械设备；采用吸声材料或吸声结构吸收声能；使用隔声、阻尼、隔振等措施及加强个体防护；佩戴耳塞、耳罩、帽盔等防护用品；进行岗前健康体检，定期进行岗中体检；合理安排工作和休息：适当安排工间休息，休息时离开噪声环境 |
| 2 | | 高温 | 长期处在高温环境下除会引起职业中暑外，还将导致人体体温调节、水盐代谢、循环、泌尿、消化系统等生理功能的改变；高温可导致急性热致疾病（如刺热、痱子和中暑）和慢性热致疾病（慢性热衰竭、高血压、心肌损害、消化系统疾病、皮肤疾病、热带性嗜睡、肾结石、缺水性热衰竭等） | 根据不同体力劳动等级，限制从25～33℃不等 | 存在于发热设备，如锅炉、加热炉、焚烧炉、发电机燃烧室、换热器等处，应在高温季节进行该危害因素检测并进行评价 | 供给饮料和补充营养；个人防护，高温工人的工作服，应以耐热、导热系数小而透气性能好的织物制成；加强医疗预防工作，对高温作业工人应进行就业前和入暑前体格检查；大型厂矿可专门设立具备空气调节系统的工人休息公寓，保证高温作业工人在夏季有充分的睡眠与休息 |
| 3 | 化学因素 | 硫化氢 | 可经呼吸道进入人体。主要损害中枢神经、呼吸系统，刺激黏膜；表现为流泪、畏光、眼刺痛、咽喉部灼热感、咳嗽、胸闷、头痛、头晕、恶心、呕吐、乏力，重者抽搐、呼吸困难；吸入高浓度可立即昏迷，可致猝死 | 工作场所空气中最高容许浓度（MAC）不超过 $10mg/m^3$ | 是油田重点防控的职业病危害因素之一；主要存在于高含硫作业区块天然气和石油气中，如塔北勘探开发项目经理部、塔中勘探开发项目经理部、轮南作业区（高含硫原油输送至此）、英买作业区潜山联合站区块等处 | 属酸性气体，由于能引起嗅觉疲劳，警示性低；密闭、局部排风、呼吸防护；禁止明火、火花、高热，使用防爆电器和照明设备；工作场所禁止饮食、吸烟 |

续表

| 序号 | 类别 | 危害因素 | 健康危害 | 接触限制 | 分布范围 | 防护措施 |
|---|---|---|---|---|---|---|
| 4 | 化学因素 | 溶剂汽油 | 可经呼吸道、皮肤进入人体；急性中毒以神经或精神症状为主，误将汽油吸入呼吸道可引起吸入性肺炎；慢性中毒主要表现为神经衰弱综合征、植物神经功能紊乱和中毒性周围神经病 | 工作场所空气中时间加权平均容许浓度不超过100mg/m$^3$ | 存在十分广泛，原油输送和处理过程挥发的石油气含溶剂汽油，实验室原油含水实验所用溶剂用到溶剂汽油 | 加强车间通风、排气和生产设备的密闭；经常监测空气中溶剂汽油浓度；注意个人防护；定期体检；工作场所禁止饮食、吸烟，工作后淋浴更衣；保持良好的卫生习惯 |
| 5 | | 氨 | 可经呼吸道进入人体；主要损害呼吸系统；表现为流泪、流涕、咳嗽、胸闷，重者呼吸困难；咳粉红色泡沫样痰；低浓度氨对黏膜有刺激作用，高浓度可造成组织溶解坏死；氨水溅入眼内，可造成严重损害，甚至导致失明 | 作场所空气中时间加权平均容许浓度不超过20mg/m$^3$ | 化工板块生产尿素过程中产生，存在于氨合成装置、尿素合成装置等处，依据检测结果，存在少量C-STEL超出职业接触限值 | 抢救人员穿戴防护用具，速将患者移至空气新鲜处，保持呼吸道通畅，去除污染衣物；注意保暖、安静；皮肤污染或溅入眼内用流动清水冲洗各至少20min；呼吸困难者给氧，必要时用合适的呼吸器进行人工呼吸；立即与医疗急救单位联系抢救；空气中浓度超标时，建议佩戴过滤式防毒面具（半面罩）；紧急事态抢救或撤离时，必须佩戴空气呼吸器；戴化学安全防护眼镜，穿防静电工作服，戴橡胶手套；工作现场禁止吸烟、进食和饮水；工作后淋浴更衣；保持良好卫生习惯 |
| 6 | | 甲醇 | 对中枢神经系统有麻醉作用；对视神经和视网膜有特殊选择作用，引起病变；可致代谢性酸中毒；侵入途径：吸入、食入、经皮肤吸收 | — | 油气开采中使用的化学助剂成分中含有甲醇，主要存在于加药间和化学助剂厂 | 工作场所空气中时间加权平均容许浓度（PC-TWA）不超过25mg/m$^3$，短时间接触容许浓度（PC-STEL）不超过50mg/m$^3$；密闭、局部排风、呼吸防护；工作场所禁止饮食、吸烟 |

续表

| 序号 | 类别 | 危害因素 | 健康危害 | 接触限制 | 分布范围 | 防护措施 |
|---|---|---|---|---|---|---|
| 7 | 化学因素 | 乙二醇 | 吸入中毒表现为反复发作性昏厥，并可有眼球震颤，淋巴细胞增多。口服后急性中毒分三个阶段；第一阶段主要为中枢神经系统症状，轻者似乙醇中毒表现，重者迅速产生昏迷抽搐，最后死亡；第二阶段，心肺症状明显，严重病例可有肺水肿，支气管肺炎，心力衰竭；第三阶段主要表现为不同程度肾功能衰竭。人的本品一次口服致死量估计为 1.4mL/kg（1.56g/kg）。<br>侵入途径：吸入、食入、经皮肤吸收 | — | 在油气开采中作为防冻剂，主要存在于加药间 | 工作场所空气中时间加权平均容许浓度（PC-TWA）不超过 20mg/m$^3$，短时间接触容许浓度（PC-STEL）不超过 40mg/m$^3$；密闭、局部排风、呼吸防护；工作场所禁止饮食、吸烟 |
| 8 | | 甲醛 | 本品对黏膜、上呼吸道、眼睛和皮肤有强烈刺激性。接触其蒸气，引起结膜炎、角膜炎、鼻炎、支气管炎；重者发生喉痉挛、声门水肿和肺炎等；对皮肤有原发性刺激和致敏作用，可致皮炎；浓溶液可引起皮肤凝固性坏死；侵入途径：吸入、食入、经皮肤吸收 | — | 主要存在于化肥生产过程和化学助剂生产 | 工作场所空气中最高容许浓度（MAC）不超过 0.5mg/m$^3$；密闭、局部排风、呼吸防护；工作场所禁止饮食、吸烟 |
| 9 | | 汞及其化合物 | 1. 急性汞中毒：短时间内吸入大量、高浓度的汞蒸气或摄入可溶性汞盐所致，一般由于在密闭空间内作业或意外事故造成，较少见。<br>2. 慢性中毒：慢性汞中毒较常见，其典型临床表现为易兴奋症、震颤和口腔炎；神经系统：早期为神经衰弱综合征，表现为头晕、乏力、失眠、多梦、健忘、注意力不集中、工作效率降低等；病情进一步发展可发生性格情绪改变，易兴奋症状突出，并可出现焦虑、抑郁等情绪障碍；肾脏损害：早期因肾小管重吸收功能障碍可表现为 NAG 和 β2-MG 和视黄醇结合蛋白（RBP）含量增高；随着病情加重，肾小球的通透性改变，尿中出现高分子蛋白、管形尿甚至血尿，可见水肿。<br>3. 其他：胃肠功能紊乱、脱发、皮炎、免疫功能障碍，生殖功能异常 | 工作场所空气中时间加权平均容许浓度不超过 0.02mg/m$^3$ | 凝析油罐区泵房、三相分离器、污水泵房等含汞设备；含汞设备检维修、清罐清池、吸附剂更换等密闭 / 受限空间作业 | 1. 汞急性中毒应迅速脱离现场，脱去污染衣物，静卧保暖；同时给予驱汞治疗和对症支持治疗，急救原则与内科相同；应尽快口服蛋清、牛奶或豆浆等，以使汞与蛋白质结合，保护被腐蚀的胃壁。<br>2. 慢性中毒应调离汞作业及其他有害作业，以驱汞治疗和对症处理为主，对症处理与内科相同；驱汞治疗应尽早尽快，主要应用巯基络合剂，其中二巯丙磺钠、二巯丁二钠和二巯丁二酸是首选药物；长期使用巯基络合剂可造成人体必需元素丢失，出现明显四肢酸痛、纳差、乏力等；针对上述情况，可给予施尔康，每日 2 至 3 粒。当汞中毒引起明显肾损害时，尤其对尿量不超过 400mL/d 以下者，不宜使用巯基络合剂 |

续表

| 序号 | 类别 | 危害因素 | 健康危害 | 接触限制 | 分布范围 | 防护措施 |
|---|---|---|---|---|---|---|
| 10 | 化学因素 | 天然气 | 空气中甲烷浓度过高，能使人窒息。当空气中甲烷达25%～30%时，可引起头痛、头晕、乏力、注意力不集中、呼吸和心跳加速、精细动作障碍等，甚至因缺氧而窒息、昏迷 | — | 广泛存在各油气作业场所 | 穿防静电工作服，戴一般作业防护手套；高浓度接触时可佩戴过滤式防毒面具（全面罩），可戴化学安全防护眼镜；工作现场严禁吸烟；避免高浓度吸入；进入罐、限制性空间或其他高浓度区作业，须有人监护 |
| 11 | | 原油 | 对皮肤具有过敏性影响；视原油中芳香烃、硫化合物和氮化合物的含量具有不同程度的刺激性；因接触时间的长短和采取措施的不同会产生不同程度的伤害；吸入会刺激呼吸道和呼吸器官；主要症状：恶心，头晕；含硫石油中的硫化氢气体可造成人体急性或慢性中毒 | — | 广泛存在各油气作业场所 | 易燃，其蒸气与空气形成爆炸性混合物，遇明火、高热能引起燃烧爆炸；高浓度环境中，应该佩戴过滤式防毒面罩；必要时建议佩戴自给式呼吸器；高浓度接触时可戴安全防护眼镜，穿防静电工作服，戴一般作业防护手套；工作现场严禁吸烟；避免长期反复接触；进入罐、限制性空间或其他高浓区作业，须有人监护 |